高职高专"十四五"规划教材

电工电子技术项目化教程

周静红　梁习卉子　钱志宏　主　编
周占怀　李芳丽　邱寿昆　副主编

北京航空航天大学出版社

内 容 简 介

本教材作为 2021 年"江苏省高水平机电一体化专业群"的建设成果之一,旨在帮助学生学习电气自动化技术专业基础技术。学生可在完整的实操过程中掌握专业知识的应用,熟悉操作的基本规范,同时学会发现问题、解决问题,提升技术技能水平。同时编者还将生产要求和职业规范融入了各学习情境的教学过程中。

本教材以学习者为主体,助其适应当前自我组织学习的要求,通过"资讯—计划—实施—对比评估"等完整的学习任务规划,驱动学生按"生产规划流程"组织学习、获取知识、提升技术技能。

本教材共六个部分:学习情境 1 为汽车前照明电路分析和安装检测、学习情境 2 为客厅供电线路分析和安装检测、学习情境 3 为手机充电器的安装与调试、学习情境 4 为声控旋律灯的安装与调试、学习情境 5 为八路抢答器电路的设计与仿真、学习情境 6 为数字钟电路的设计与仿真。每个学习情境都涵盖了任务引入、学习目标、任务必备知识、任务实施,从技能引发学生思考,遵循循序渐进、由点触面的规律,用成果进行导向,反复检查学生的应用能力,提升学生自我学习的能力。

本书适合电气自动化技术、机电一体化技术、工业机器人技术等相关专业的高职院校学生使用,也可为其他从事电类专业的工程技术人员提供参考。

图书在版编目(CIP)数据

电工电子技术项目化教程 / 周静红,梁习卉子,钱志宏主编. -- 北京 :北京航空航天大学出版社,2022.7

ISBN 978 - 7 - 5124 - 3796 - 8

Ⅰ. ①电… Ⅱ. ①周… ②梁… ③钱… Ⅲ. ①电工技术—教材②电子技术—教材 Ⅳ. ①TM②TN

中国版本图书馆 CIP 数据核字(2022)第 079365 号

电工电子技术项目化教程

周静红 梁习卉子 钱志宏 主 编
周占怀 李芳丽 邱寿昆 副主编
策划编辑 冯 颖 责任编辑 冯 颖

*

北京航空航天大学出版社出版发行

北京市海淀区学院路 37 号(邮编 100191) http://www.buaapress.com.cn
发行部电话:(010)82317024 传真:(010)82328026
读者信箱:goodtextbook@126.com 邮购电话:(010)82316936
涿州市新华印刷有限公司印装 各地书店经销

*

开本:787×1 092 1/16 印张:15.75 字数:403 千字
2022 年 7 月第 1 版 2024 年 1 月第 2 次印刷 印数:2 001~4 000 册
ISBN 978 - 7 - 5124 - 3796 - 8 定价:49.00 元

前　言

　　"电工电子技术"是电气自动化技术专业的一门专业基础课。结合电气自动化专业 AHK 自动化电子工考证的相关要求,本书开发了六个实践项目,不仅能引导学生学习专业基础课的相关技能,还能结合生活实际,挖掘他们的分析方法和提高解决实际问题的能力,为促进高职教育、企业、学校的发展起到一定的积极作用。

　　本书从项目出发,设置了不同的子任务和自我训练,激发学生学习的积极性。学生可在子任务的实操中找到自信心,在自我训练中形成主动学习的习惯,为踏入社会与企业逐步接轨,迅速融入企业的生产实践奠定较好的基础。

　　本书以项目为引入,层层递进,其中电路分析、模拟电路两大模块考虑到了它的抽象性,为了弱化理论性较强、无法理解的现象,书中直接以简单的电路设计进行元器件选择,相关参数计算(包括方法的应用)也是基于本项目电路进行的。同时在传统的基础上融合了企业对技术工艺的要求以及规范性,以多个子任务的方式抽丝剥茧。数字电路由于其生产应用性较强且较为直观,学生容易理解,故采取了电路的设计与仿真,从测试基础芯片逻辑功能、应用芯片逻辑功能到完整的项目电路的设计与仿真,思路清晰且前后关联性较强。

　　使用本书的教师结合高职学生的生源情况可进行分层分类教学,其中 3+2 本科应注重理论的分析,重在任务必备知识的延伸和拓展;订单双元班注重以企业生产实践为主,理论为辅,利用本书项目化资源另外开发配套的工作页,辅助学生开展自我训练,以成果为导向来衡量学生的学习能力;普班学生主要以应用能力为主,在了解任务必备知识后配以小任务进行验证,以此提高他们的理解能力。

　　本书的编写得到了苏州健雄职业技术学院领导和智能制造学院领导的关心和支持,在此表示衷心的感谢。

　　本书由苏州健雄职业技术学院周静红、梁习卉子、钱志宏担任主编,周占怀、李芳丽、邱寿昆参编。周静红编写学习情境1、学习情境5、学习情境6,梁习卉子编写学习情境2、学习情境4理论,钱志宏编写学习情境3、学习情境4实践。

　　限于编者水平,书中疏漏和不妥之处在所难免,恳请广大读者批评指正。

编　者

2022 年 2 月

目　　录

学习情境 1　汽车前照明电路分析和安装检测

汽车现在已经是日常生活中必不可少的交通工具之一。当夜幕降临或者天气环境比较恶劣的时候,打开汽车大灯,司机可以更加安全地行驶在马路上,这就是汽车前照明电路的应用。

在本项目中,读者可通过分析汽车前照明电路,学会选用和检测汽车前照明电路元器件;根据直流电路分析方法,进行汽车前照明电路基本物理量计算以及电路安装与调试。

项目导读

本项目主要介绍汽车前照明电路分析和安装检测。当闭合近光开关时,只发出亮度相对较暗的近光;当远、近光开关都闭合时,只发出亮度相对较亮的远光;当近光灯开关断开时,不管远光灯开关闭合与否,前照灯均不发光。

本项目将完成以下三个学习任务。

① 汽车前照明电路分析;
② 汽车前照明电路元器件类型和检测;
③ 汽车前照明电路安装与实施。

学习任务 1.1　汽车前照明电路分析

任务引入

为了保证汽车的行驶安全,汽车上装有多种前照灯。前照灯主要在夜晚或能见度较低时使用,本项目主要分析汽车前照明电路。

学习目标

① 了解汽车前照明系统的组成及结构;
② 熟悉前照灯控制电路的工作原理;
③ 掌握用电设备串并联电路的特点;
④ 学会用欧姆定律和基尔霍夫定律分析和计算电路参数;
⑤ 掌握简单直流电路图的绘制方法并进行电压电流测试。

任务必备知识

1.1.1　汽车前照明系统组成及结构

一、汽车照明系统组成

汽车照明系统由前照灯设备、电源、线路及控制开关组成。
① 前照灯设备包括外部灯、内部灯和工作前照灯等。
② 控制开关包括各种灯光开关、继电器等。

③ 外部灯主要有前照灯、后照灯、前侧灯、雾灯、牌照灯、小灯等,各种外部前照灯在车上的位置如图 1-1 所示。

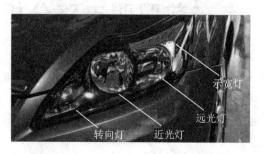

图 1-1　汽车前照灯实物

二、汽车前照灯系统结构

前照灯也称大灯或头灯,主要用于夜间行车时照明,灯光为白色。前照灯包括远光灯和近光灯两种,远光灯用于车前道路 100 m 以上明亮均匀地照明,功率一般为 50~60 W;近光灯在会车时和市区内使用,既避免迎面来车驾驶员眩目,又保证车前 50 m 内的路面明亮,功率一般为 30~50 W,有二灯制和四灯制两种配置方法,将在后续任务中详细介绍。

1.1.2　前照灯控制电路分析

一、前照灯控制电路组成

图 1-2 所示为汽车前照灯实际电路。汽车前照灯包括远光灯和近光灯,由大灯开关和变光开关配合实现。

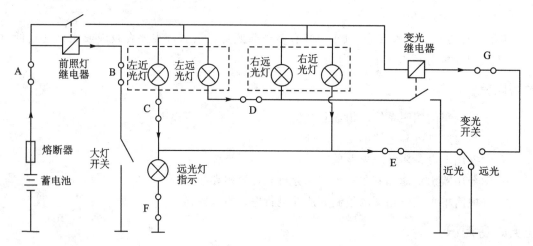

图 1-2　汽车前照灯电路

汽车前照灯电路由以下三部分组成:

① 蓄电池:简称电源,提供电能;

② 用电装置:用电装置有近光灯、远光灯,统称为负载,它将电能转换为其他形式的能量;

③ 中间环节:连接电源与负载之间的控制部件,包括导线、开关和一些保护装置,其中前照灯继电器和变光继电器是电流安全保护开关,可以自动调节电路;熔断器是保护装置,可以

起短路保护作用。

由此得出：电源、负载、中间环节是任何实际电路都不可缺少的 3 个组成部分。

二、前照灯控制电路工作原理

当闭合大灯开关且变光开关处于近光时,蓄电池通过熔断器→前照灯继电器→左近光灯(或右近光灯)→近光开关形成一个闭合回路,从而左右近光灯同时点亮。由于左右近光灯安装得距离较远,所以折射的距离较近,故为近光灯。

当闭合大灯开关且变光开关处于远光时,蓄电池通过熔断器→前照灯继电器→左远光灯(或右远光灯)→远光开关形成一个闭合回路,从而左右远光灯同时点亮。由于左右远光灯安装得距离较近,所以折射的距离较远,故为远光灯。

那么远近光灯是如何点亮的呢? 下面通过介绍几个基本物理量来进行分析。

三、电路基本物理量

1. 电　流

（1）电流表示

电荷的定向移动形成电流。电流的强弱用电流强度表示,简称电流。电流指的是单位时间内通过导体截面的电荷量。在前照灯控制电路中,电荷由蓄电池的正极经过一系列元件移动到蓄电池的负极,在这过程中即产生了电流。电流计算公式为

$$i(t) = \frac{\mathrm{d}q}{\mathrm{d}t} \qquad (1-1)$$

（2）电流强度

式（1-1）中 $\mathrm{d}q$ 为通过导体横截面的电荷量,若 $\mathrm{d}q/\mathrm{d}t$ 为常数,即 $i(t)$ 为常数,则这种电流叫作恒定电流,简称直流电流,常用大写字母 I 表示。电流的单位是安培（A）,简称安。电流常用的单位还有 kA、mA、$\mu\mathrm{A}$、nA,单位换算关系为

$$1\ \mathrm{A} = 10^3\ \mathrm{mA} = 10^6\ \mu\mathrm{A} = 10^9\ \mathrm{nA} \qquad (1-2)$$

$$1\ \mathrm{kA} = 10^3\ \mathrm{A} \qquad (1-3)$$

（3）常见电流波形

常见电流波形如图 1-3 所示。

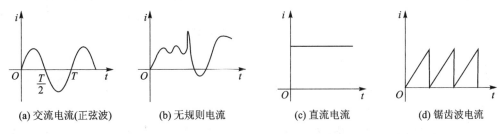

(a) 交流电流(正弦波)　　(b) 无规则电流　　(c) 直流电流　　(d) 锯齿波电流

图 1-3　常见电流波形

（4）电流的方向

正电荷运动的方向规定为电流的实际方向,任意假设的电流方向称为电流的参考方向,二者之间的关系如图 1-4 所示。

① 如果求出的电流值为正,则说明参考方向与实际方向一致;

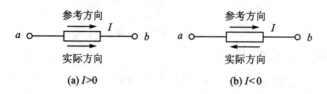

图 1-4 电流参考方向和实际方向示意图

② 如果求出的电流值为负，则说明参考方向与实际方向相反。

2. 电压与电位

（1）概　念

电压是指电路中两点电位的大小差距，用 U 表示，图 1-5 中 A 与 B 两端的电压 $U_{AB} = V_A - V_B$。如果电压的大小和方向都不随时间变化，则称其为恒定电压或直流电压，用 U 表示；如果电压的大小和方向都随时间变化，则称其为交流电压，用 u 表示。

电位是指该点与指定的零电位的电压大小差距，用 V 表示，如 V_A、V_B。通常选大地的电位为零，符号用"⊥"表示。有些机器设备不一定真的和大地连接，但有很多元件都要汇集到一个公共点，这一公共点可定为零电位。图 1-5 中看似有四个零电位，实则这四个零电位是同一点，用一根导线连接四点外加一个"⊥"代替即可。

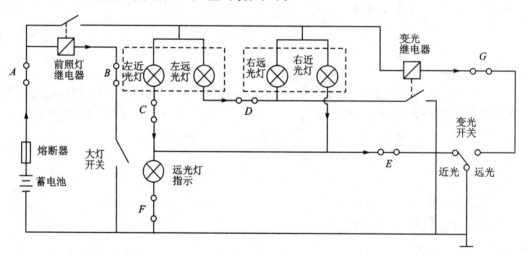

图 1-5 零电位等效图

（2）区　别

电位是一个相对量，与参考点的选取有关。而电压是一个绝对量，与参考点的选取无关。

（3）单　位

电压与电位的单位都为伏特（V），简称伏。它们常见的单位有 kV、mV、μV，单位换算关系如下：

$$1\ V = 10^3\ mV = 10^6\ \mu V \tag{1-4}$$

$$1\ kV = 10^3\ V \tag{1-5}$$

（4）方　向

实际方向：若电荷从 A 到 B 为失去能量时，方向为 $A \to B$，且 A 为＋，B 为－，即 A 点为高电位,B 点为低电位。因此,电压的实际方向为从高电位指向低电位。任意假设的电压方向称为电压的参考方向,二者之间的关系如图 1-6 所示。

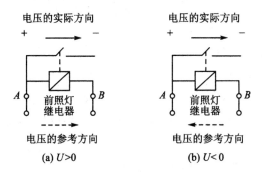

图 1-6 电压参考方向和实际方向示意图

在电路图中,电压的参考方向可以用"＋""－"极性表示,还可以用双下标表示,如图 1-7 所示,并有 $U_{ab}=-U_{ba}$。

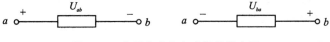

图 1-7 电压参考方向或极性的表示

(5) 电压、电流的参考方向关系

电压、电流的参考方向一致称为关联参考方向,参考方向不一致称为非关联参考方向,如图 1-8 所示。

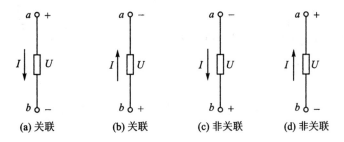

图 1-8 电压电流参考方向

【例 1-1】 电路如图 1-9 所示,求 a,b,c,d 各点电位。

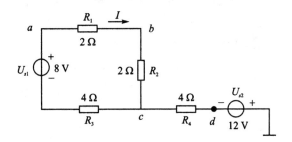

图 1-9 【例 1-1】电路

解：

$$I = \frac{U_{s1}}{R_1 + R_2 + R_3} = \frac{8\ \text{V}}{2\ \Omega + 2\ \Omega + 4\ \Omega} = 1\ \text{A}$$

$$V_d = -U_{s2} = -12\ \text{V}$$

$$V_c = V_d = -12\ \text{V}$$

$$V_b = IR_2 + V_c = 1 \times 2\ \text{V} + (-12)\ \text{V} = -10\ \text{V}$$

$$V_a = U_{s1} - IR_3 + V_c = 8\ \text{V} - 1 \times 4\ \text{V} + (-12)\ \text{V} = -8\ \text{V}$$

结论：某点电位与所选绕行路径无关，但是路径的选择应以路径中元件数越少越好。

（6）求解电位步骤

采用"下楼法"求解各点电位的步骤如下：

① 选定参考点，参考点电位为零；

② 选定"下楼"途径，并选定途中的电流参考方向和各元件两端电压的正负极；

③ 从电路中某点开始，按所选定的路径"走"至参考点，路径中各元件的电压的正负规定：走向先遇元件上电压参考方向的"+"端取正，反之取负；

④ 求解路径中所有元件的电压，并求出它们的代数和。

3. 电能、电功率

（1）电　能

在一定的时间内电路元件或设备吸收或发出的电能量称为电能，用符号"W"表示，其国际制单位为焦耳（J）。电能的计算公式为

$$W = UIt \tag{1-6}$$

式中，U 的单位为 V，I 的单位为 A，t 的单位为 s。

日常生产和生活中，电能通常用"度"来度量。

$$1\ \text{度} = 1\ \text{kW} \cdot \text{h} = 1\ 000\ \text{W} \cdot 3\ 600\ \text{s} = 3\ 600\ 000\ \text{J} \tag{1-7}$$

（2）电功率

单位时间内电流所做的功称为电功率，用符号"P"表示，其国际制单位为瓦特（W），电功率的计算公式为

$$P = \frac{W}{t} = \frac{UIt}{t} = UI \tag{1-8}$$

用电器的电功率越大，消耗电能的速度就越快。额定电功率为 100 W 的电灯，表明它在 1 s 内可将 100 J 的电能转换成光能和热能。

（3）电功率与电压、电流的关系

关联方向时：

$$P = UI \tag{1-9}$$

非关联方向时：

$$P = -UI \tag{1-10}$$

再进一步计算功率：

① 当 $P > 0$ 时，吸收功率，为负载或耗能元件；

② 当 $P < 0$ 时，发出功率，为电源或储能元件。

【例 1-2】　如图 1-10 所示,若已知元件吸收功率为 -20 W,电压 U 为 5 V,求电流 I,并说明元件性质。

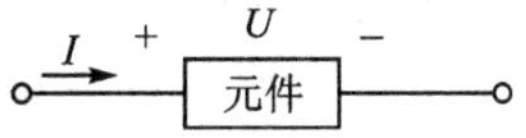

解:由图 1-10 知电压和电流参考方向一致,所以 $P=UI$,因此 $I=\dfrac{P}{U}=-\dfrac{20}{5}=-4$ A 电流是负值,说明其实际方向与参考方向相反,元件上电压、电流实际非关联,非关联下元件发出功率,是电源。

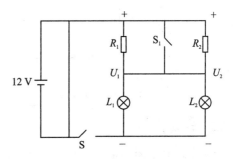

图 1-10　【例 1-2】图

四、前照灯控制电路工作状态

蓄电池与负载连接时,根据所接负载的情况,电路有三种工作状态:空载工作状态、短路工作状态、有载工作状态。

为了说明这三种工作状态,现以图 1-11 所示的二灯制汽车前照明电路为例来分析。

1. 空　载

空载状态又称断路或开路状态。U_1 表示 R_1 和 L_1 两端的电压,U_2 表示 R_2 和 L_2 两端的电压,当开关 S 断开或连接导线折断时,电路就处于空载状态,此时电源和负载未构成通路,$I=0$,外电路所呈现的电阻可视为无穷大,电路具有下列特征。

① 电源的端电压等于电源电压,即

$$U_{oc}=12 \text{ V} \tag{1-11}$$

此时电压称为空载电压或开路电压,用 U_{oc} 表示。因此,要想测量电源电压,只要用电压表测量电源的开路电压即可。

② 由于 $I=0$,故电源的输出功率和负载所吸收的功率均为零,即 $P=P_1=P_2=0$。

2. 短　路

当电源两端的导线由于某种事故而直接相连时,电源输出的电流不经过负载,只经连接导线直接流回电源,这种状态称为短路状态,简称短路,如图 1-12 所示。

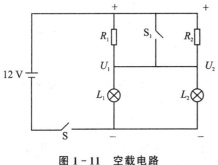

图 1-11　空载电路

图 1-12　短路电路

短路时,外电路所呈现的电阻可视为零,电路具有下列特征。

$$I=\frac{U_s}{R_s}=\infty \tag{1-12}$$

$$U_1=U_2=0 \tag{1-13}$$

在一般供电系统中,电源的内电阻很小,故短路电流很大,电源所发出的功率全部消耗在内电阻上,容易引起电源损坏、电线起火等事故。应经常检查电气设备和线路的绝缘情况,以防发生电源短路事故。

3. 有 载

当开关S闭合时,电路中有电流流过,电源输出功率,负载吸收功率,这种状态称为电路的有载工作状态,如图1-13所示。

图1-13中R_1、L_1、R_2、L_2均为负载且$R_1 = R_2$,$R_{L_1} = R_{L_2}$;此时电路有下列特征:

① 电路中的电流为

$$I = \frac{12}{(R_1 /\!/ R_2) + (R_{L_1} /\!/ R_{L_2})} \tag{1-14}$$

② 电源的端电压为

$$U_1 = U_2 = 12 \text{ V} \tag{1-15}$$

③ 电源输出的功为

$$P = UI = 12I \tag{1-16}$$

④ 负载吸收的功率为

$$I = I_1 + I_2 = 2I_1 = 2I_2, P = P_1 + P_2 = 2P_1 = 2P_2 = 2UI_1 = 2UI_2 \tag{1-17}$$

为了保证电气设备和器件能安全、可靠、经济地工作,制造商规定了每种设备和器件在工作时所允许的最大电流、最高电压和最大功率,通常指电气设备和器件的额定值。

1.1.3 用电设备串并联电路分析

以图1-14所示的二灯制汽车前照灯电路为例,本项目提供欧姆定律和基尔霍夫定律两种方法进行分析。对于比较简单的电路,可以选择欧姆定律进行分析,对于比较复杂的电路,可以选择基尔霍夫定律进行分析。

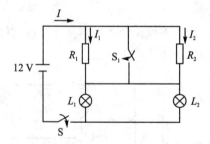
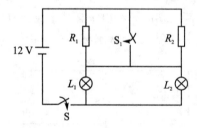

图 1-13　有载电路　　　　图 1-14　二灯制汽车前照灯电路

一、欧姆定律

欧姆定律是电路中最重要的基本定律之一,用于确定基本电路中电压与电流的关系。欧姆定律的内容如下:电阻上流过的电流与它两端的电压成正比,与电阻成反比,表达式为

$$I = U/R \text{ 或 } U = IR \tag{1-18}$$

电阻中的电流和电压的实际方向是一致的,所以式(1-18)在关联参考方向下可用。

如果电阻上的电流和电压的参考方向为非关联方向,此时欧姆定律中要加负号,表达式为

$$I = -U/R \text{ 或 } U = -IR \tag{1-19}$$

分析电路时需要注意以下几点:

① 实际方向在物理分析中才会用到,而参考方向则是进行电路分析时任意选定的;

② 分析电路或解题时,一定要先选定参考方向,再进一步计算,缺少参考方向的物理量是

无意义的；

③ 根据计算结果判断实际方向,如果计算结果为正值,则说明实际方向与参考方向一致；如果计算结果为负值,则说明实际方向与参考方向相反；

④ 为避免列写方程时出错,习惯上将电阻元件上的电压、电流参考方向选定为关联方向。

在图 1-14 中,流过电路的电流跟电源的电压成正比,跟电路的电阻成反比,即 $U=IR$, U 为电源电压 12 V, I 为总电流, R 为总电阻,取决于开关 S_1 是否闭合。任意选择一个回路,如果 S_1 未闭合,则 $R=(R_1 /\!/ R_2)+(R_{L_1} /\!/ R_{L_2})$；如果 S_1 闭合,则 $R=(R_{L_1} /\!/ R_{L_2})$。

根据欧姆定律,可以得出：S_1 未闭合时,等效总电阻大,即流过的电流小；S_1 闭合时,等效总电阻减小,即流过的电流增大。

二、基尔霍夫定律

简单直流电路中只有一个直流电源,利用欧姆定律的串并联特点,就可以进行分析和计算。然而当电路中含有两个或两个以上直流电源时,即为复杂电路,不能简单地利用欧姆定律和电阻的串并联特点进行分析,就要用到电路中另一个重要的基本定律——基尔霍夫定律。与欧姆定律不同的是,欧姆定律是对元件本身列写的电压、电流关系式,而基尔霍夫定律则是针对电路结构,阐明的电压、电流关系,即基尔霍夫电压定律和基尔霍夫电流定律。

基尔霍夫定律包含了基尔霍夫电压定律(KVL)和基尔霍夫电流定律(KCL)。学习基尔霍夫定律之前需要先了解什么是回路、支路、节点和网孔。

回路:电路中任意一个闭合路径。图 1-15 中开关 S 闭合时,12 V 电源正极→R_1→L_1→S→12 V 电源负极即为一个闭合回路。

支路:一个或几个元件串联而成的无分支电路。图 1-15 中开关 S_1 未闭合时,支路有 12 V 电源和 S 一条、R_1 一条、L_1 一条、R_2 一条、L_2 一条。

节点:三个或三个以上支路的汇交点,如 a 点和 b 点。

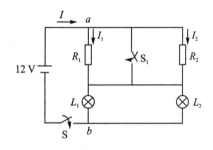

图 1-15　二灯制汽车前照灯电路

网孔:不可再分的回路,图 1-15 中开关 S_1 未闭合时,12 V 电源正极→R_1→L_1→S→12 V 电源负极是网孔、L_1→L_2 是网孔、R_1→R_2 是网孔。网孔是回路,回路不一定是网孔。

1. 基尔霍夫电压定律

基尔霍夫电压定律也称为 KVL 定律,指的是针对某一闭合回路,所有电压之和为零,即 $\sum U=0$。 例如,图 1-15 中,当开关 S_1 断开时,有

$$U_{R_1}+U_{L_1}-12\text{ V}=0 \tag{1-20}$$

KVL 定律的解题步骤如下：

① 任意标出未知电流(或电压)的参考方向；

② 选择回路绕行方向；

③ 确定各元件电压的正负符号；

④ 根据 $\sum U=0$ 列回路电压方程。

基尔霍夫电压定律如图 1-16 所示。

2. 基尔霍夫电流定律

基尔霍夫电流定律也称为 KCL 定律,指的是针对某一节点,所有流入电流之和等于所有流出电流之和,即 $\sum I_\text{入} = \sum I_\text{出}$,例如,图 1-15 中,当开关 S_1 断开时,有

$$I = I_1 + I_2 \tag{1-21}$$

电流的参考方向:任意假定的方向。若计算结果为正值,则表明该电流的实际方向与参考方向相同;若计算结果为负值,则表明该电流的实际方向与参考方向相反。

KCL 定律的解题步骤如下:

① 假设并标出未知电流方向;

② 确定节点;

③ 确定流入节点与流出节点的电流方向;

④ 列节点电流方程。

三、电阻串并联

1. 电阻串联

如图 1-17 所示电路,当开关 S 闭合,电阻 R_1 和灯泡 L_1 顺次连接在电路中,像这样把元件逐个顺次连接起来的电路称串联电路。

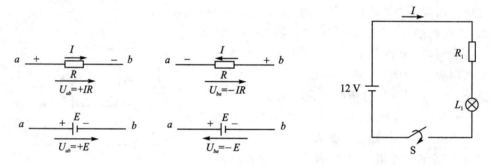

图 1-16 基尔霍夫定律   图 1-17 串联电路

列写图 1-17 的 KVL 方程,有

$$U = U_{R_1} + U_{L_1} + \cdots + U_n \tag{1-22}$$

将欧姆定律代入式(1-22),可得

$$U = R_1 I + R_{L_1} I + \cdots + R_n I = (R_1 + R_2 + \cdots + R_n) I = R_\text{eq} I \tag{1-23}$$

对比式(1-22)和式(1-23),可以得到电阻串联时各电阻上的电压(分压)公式,为

$$U_k = R_k I = \frac{R_k}{R_\text{eq}} U \qquad k = 1, 2, \cdots, n \tag{1-24}$$

串联电路的特点有:

① 流过每个电阻的电流相等;

② 电路的总电压等于各电阻上的电压之和;

③ 电路的总等效电阻等于各串联电阻之和。

2. 电阻并联

如图 1-18 所示电路,把电阻 R_1 和灯泡 L_1 串联当作一个等效电阻 R_{11},把电阻 R_2 和灯

泡 L_2 串联当作一个等效电阻 R_{22}，这样两个电阻并列地接在电路中，像这样把元件并列地连接起来的电路称并联电路。

列写图 1-18 的 KCL 方程，有

$$I = I_1 + I_2 + \cdots + I_n \tag{1-25}$$

将欧姆定律代入式(1-25)，可得

$$I = \frac{U_1}{R_1 + R_{L_1}} + \frac{U_2}{R_2 + R_{L_2}} + \cdots + \frac{U_n}{R_n} \tag{1-26}$$

对比式(1-25)和式(1-26)，可以得到电阻并联时，各电阻上的电流，即分流公式，为

$$I = \frac{U_1}{R_{11}} + \frac{U_2}{R_{22}} + \cdots + \frac{U_n}{R_{nn}} \tag{1-27}$$

此时，可等效成 R_{11} 和 R_{22} 两个电阻并联，如图 1-19 所示。其并联公式为

$$\begin{cases} I_1 = \dfrac{U}{R_{11} + R_{22}} \times R_{22} \\ I_2 = \dfrac{U}{R_{11} + R_{22}} \times R_{11} \end{cases} \tag{1-28}$$

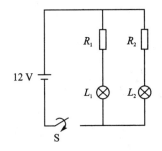

图 1-18 并联电路

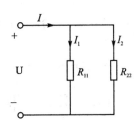

图 1-19 两个电阻并联电路

并联电路的特点有：

① 电路的总电流等于各电阻中的电流之和；

② 每个电阻上的电压相等；

③ 电路的总电阻的倒数等于各并联电阻的倒数之和。

【例 1-3】 如图 1-20 所示，把一个 3 Ω 的电阻 R_1 和一个 6 Ω 的电阻 R_2 并联在电路中，它们的等效电阻是多大？如果电源两端的电压为 3 V，那么电路中的电流为多大？

解：

1）求等效总电阻

由于 R_1 和 R_2 并联，所以等效总电阻

$$R = \frac{R_1 \times R_2}{R_1 + R_2} = \frac{3 \ \Omega \times 6 \ \Omega}{3 \ \Omega + 6 \ \Omega} = 2 \ \Omega$$

2）求电流

根据欧姆定律 $I = \dfrac{U}{R} = \dfrac{3 \ \text{V}}{2 \ \Omega} = 1.5 \ \text{A}$，因此，它们并联的等效电阻是 2 Ω，电路中的电流为

1.5 A。

【例 1-4】 已知图 1-21 中 $U = 12$ V，求 $I = ?$

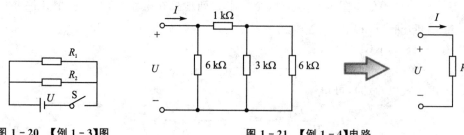

图 1-20 【例1-3】图

图 1-21 【例1-4】电路

解:1) 求等效总电阻

① 由于 3 kΩ 电阻与 6 kΩ 电阻并联,所以它们的等效电阻为 $\dfrac{3\ \mathrm{k\Omega}\times 6\ \mathrm{k\Omega}}{3\ \mathrm{k\Omega}+6\ \mathrm{k\Omega}}=2\ \mathrm{k\Omega}$;

② 由于 1 kΩ 电阻与 2 kΩ 电阻串联,所以它们的等效电阻为 1 kΩ+2 kΩ=3 kΩ;

③ 由于 6 kΩ 电阻与 3 kΩ 电阻并联,所以它们的等效总电阻 $R=\dfrac{6\ \mathrm{k\Omega}\times 3\ \mathrm{k\Omega}}{6\ \mathrm{k\Omega}+3\ \mathrm{k\Omega}}=2\ \mathrm{k\Omega}$。

2) 求等效电流

$$I=\frac{U}{R}=\frac{12\ \mathrm{V}}{2\ \mathrm{k\Omega}}=6\ \mathrm{mA}$$

图 1-22 所示为【例1-4】等效电路图。

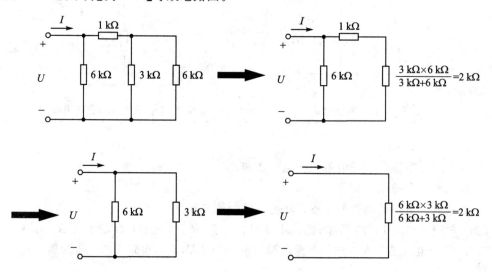

图 1-22 【例1-4】等效电路图

电阻混联电路的等效电阻计算,关键在于正确找出电路的连接点,然后分别把两两节点之间的电阻进行串、并联简化计算,最后将简化的等效电阻相串即可求出。

1.1.4 汽车前照明电路的开关和保护

本项目中汽车前照明电路开关涉及大灯开关和变光开关,为了保护其电路,防止电流过大引起元器件损坏,在电路中增加了熔断器。

一、大灯开关

大灯开关有拉杆式、旋转式和组合式等多种形式,现代汽车上用得较多的是一体式组合开关。

图 1-23 所示为汽车使用的大灯开关符号,转动开关端部,便可依次接通尾灯(包括位灯)和前照灯;将开关向上扳,可变为远光,此灯光用作行车时的超车信号,松手后开关自动弹回近光位置;前后扳动开关,可使左右转向灯工作。

图 1-23　大灯开关符号

一般位于大灯开关的地方有图 1-23 所示符号,仪表板会用绿色灯显示开关状态。

打开大灯开关,用万用表蜂鸣挡,测量大灯开关两端应导通;关闭大灯开关,测量大灯开关两端应不导通,则说明开关正常,否则损坏。

二、变光开关

变光开关可实现远/近光切换功能。

近光开关:一般位于大灯开关按钮第二挡,有的车仪表板上会有黄色指示灯表示其开关状态。

远光开关:变光开关切换一下即可实现。仪表板上会有蓝色指示灯表示其开关状态,这个蓝色符号灯是强制的。

近光开关符号和远光开关符号分别如图 1-24 和图 1-25 所示。

三、熔断器

熔断器又称保险丝或保险丝盒,一般由固定熔丝管和熔丝两个部分组成。熔断器实物如图 1-26 所示。

图 1-24　近光开关符号　　图 1-25　远光开关符号　　图 1-26　熔断器

熔断器是汽车电路中最常见的防护器件,它串联在需要保护的电路中。当电路因短路等出现过载电流时,熔丝会熔断,使电路电流中断,从而保护电路中的装置。正常更换保险丝前,必须查明熔断器熔断的原因,更换的熔断器必须与原熔断器具有相同的熔断电流。

1.1.5　Proteus 8.7 软件安装

为了方便原理图的设计和电路功能的测试,本教材使用了 Proteus 8.7 软件,这是一款用于电气设计的软件,它支持原理图设计、仿真测试等功能为一体,为工业制造的操作提供了便捷,具体安装步骤如下:

① 解压安装包。

② 以管理员身份运行安装程序(见图 1-27)。

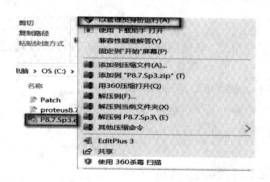

图 1 - 27　Proteus 软件安装步骤①，②

③ 单击"NEXT"。

④ 勾选"I accept the terms of this agreement"，然后单击"NEXT"。

⑤ 选择"local installed license key"，然后单击"NEXT"（见图 1 - 28）。

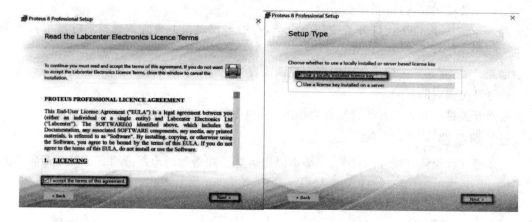

图 1 - 28　Proteus 软件安装步骤③，④，⑤

⑥ 单击"NEXT"。

⑦ 单击"Browse for key file"，然后选择安装包中的"license. lxk"文件，然后单击"打开"（见图 1 - 29）。

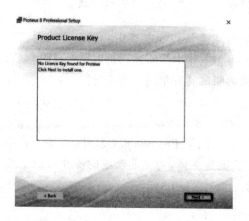
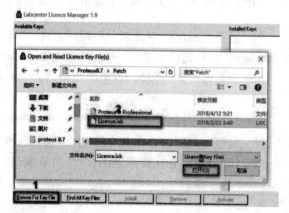

图 1 - 29　Proteus 软件安装步骤⑥，⑦

⑧ 单击"Install"。

⑨ 单击"是"(见图 1 - 30)。

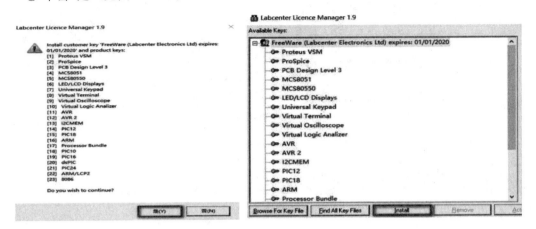

图 1 - 30　Proteus 软件安装步骤⑧,⑨

⑩ 单击"Close"(见图 1 - 31)。

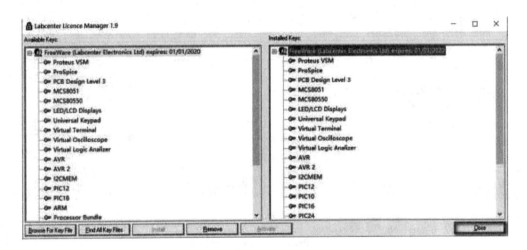

图 1 - 31　Proteus 软件安装步骤⑩

⑪ 根据需要选择图 1 - 32(a)所示的三个选项,一般默认不选,然后单击"NEXT"。

⑫ 选择"Typical"(也可以选择 custom 进行自定义安装,注意安装路径不要有中文)(见图 1 - 32(b))。

⑬ 正在安装的界面(见图 1 - 33(a))。

⑭ 单击"CLOSE"(见图 1 - 33(b))。

⑮ 将安装包中的"Proteus 8 Professional"文件夹复制到软件安装位置,替换原文件(软件默认的安装路径 C:\Program Files (x86)\Labcenter Electronics)。

⑯ 将安装包中的汉化补丁中的"Translations"文件夹复制到软件安装位置,替换原文件(软件默认的安装路径 C:\Program Files (x86)\Labcenter Electronics\Proteus 8 Professional)(见图 1 - 34)。

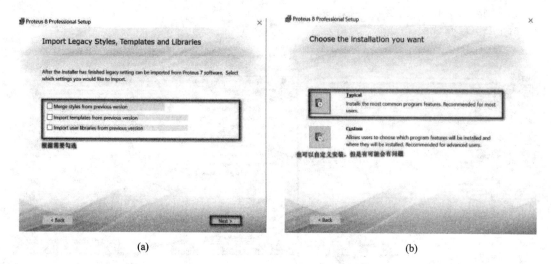

图 1 - 32　Proteus 软件安装步骤⑪,⑫

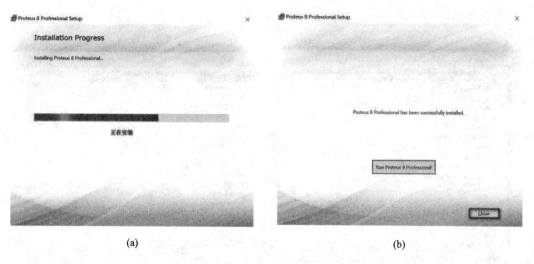

图 1 - 33　Proteus 软件安装步骤⑬,⑭

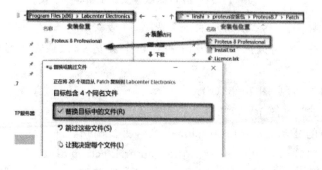

图 1 - 34　Proteus 软件安装步骤⑮,⑯

⑰ 打开"Proteus"软件(见图 1 - 35)。

图 1 - 35 打开 Proteus 软件

任务实施

本任务对某品牌汽车前照明电路仿真测试。

① 要求:汽车照明大灯的灯泡内有两根灯丝,一根是功率较小的近光灯丝,另一根是功率稍大的远光灯丝,当控制手柄拨到"近光"位置时,近光灯丝正常发光;当控制手柄拨到"远光"位置时,近光灯丝和远光灯丝同时正常发光。该灯泡上标有"12 V 60 W/55 W"的字样,用PROTEUS 完成图 1 - 36 所示电路仿真图的绘制。

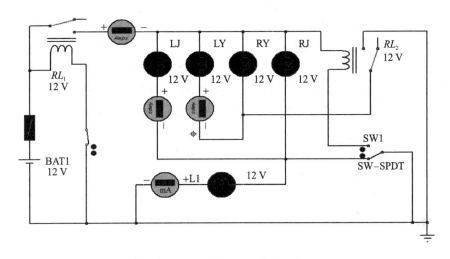

图 1 - 36 汽车前照明电路仿真图

② 打开 Proteus 软件,双击元件模式 ，鼠标左键 ，输入 Keywords(见表 1 - 1)即可查找元器件,找到后在原理图中放置元器件,以 为中心,可通过 来查看元器件或者图纸。

表 1 - 1 汽车前照明仿真电路元器件清单

序　号	名　称	元器件型号	元件符号	参数设置	数　量
1	蓄电池	Battery	┷	12 V	1
2	熔断器	Fuse	▬▬	10 A	1
3	直流继电器	Relay	∃∥	12 V/240 Ω	2

续表 1-1

序　号	名　称	元器件型号	元件符号	参数设置	数　量
4	大灯开关	Switch		无	1
5	变光开关	SW – spdt		无	1
6	近光灯	Lamp		12 V/＿ Ω	2
7	远光灯	Lamp		12 V/＿ Ω	2
8	远光灯指示	Lamp		12 V/1 kΩ	1
9	直流电流表	DC AMMETER		无	4

③ 完善表 1-1,分别计算近光灯和远光灯的电阻。当控制手柄拨到"近光"位置时,电路只有近光灯丝工作,利用 $P = UI$ 求出通过近光灯丝的电流,根据欧姆定律求出近光灯丝正常发光时的电阻,远光灯电阻的计算同近光灯,并将结果填写到表 1-1 对应空格中。

④ 用四个电流表分别测试直流继电器、远光灯、近光灯、远光指示灯的直流电流,在"Proteus"仿真软件中,选择左端虚拟仪器模式，左键 DC AMMETER ,拖动放到断开的元器件两端即可测试直流电流。连接时注意直流电流表的方向,注意直流电流表需要串联接入,如显示数值为"0",需要左键双击电流表,逐渐减小量程挡,如显示"MAX",则须加大量程;

⑤ 保存电路并运行:图连接完成后,单击"File"(文件)→"Save disign as"另存到自己指定的文件夹下,单击 ，选择左边第一个按钮 ，观察这四个电流表的读数并对它们的关系进行总结,将测量结果和总结填入表 1-2 中。

表 1-2　测试汽车前照明电路直流电流

电源电压	I_{relay}	I_{LY}	I_{LJ}	I_{LED}	总　结
DC 12 V					

⑥ 描述近光灯电路的工作原理。

_____

_____ 。

⑦ 当控制手柄拨到"近光"和"远光"位置时,通过近光灯丝和远光灯丝的电流分别是_____和_____。

⑧ 如果驾车在郊区道路上行驶,将控制手柄拨到并保持在"远光"位置 5 min,这段时间内一个照明大灯消耗的电能是_____。

学习任务 1.2 汽车前照明电路元器件类型和检测

任务引入

熔断器、直流继电器、灯泡是组成汽车前照明电路最基本的单元。由于本项目中使用的灯泡是充气灯泡,是电阻性负载,故结合常用简单电路,本文将重点介绍熔断器、直流继电器、电阻。

学习目标

① 学会万用表的使用方法;
② 掌握熔断器的类型和检测;
③ 掌握直流继电器的类型和检测;
④ 掌握灯泡的类型和检测;
⑤ 学会电阻的识别与检测。

任务必备知识

1.2.1 万用表的使用

万用表又叫多用表、三用表、复用表,是一种多功能、多量程的测量仪表。

万用表最基本的几个功能:电阻的测量;直流、交流电压的测量;直流、交流电流的测量;有的还可以进行二极管、三极管、温度、频率等的测量。

根据显示方式的不同,可以将万用表分成两大类:指针式万用表和数字式万用表。考虑使用方便,本教材只介绍数字万用表,如图 1-37 所示。

电阻挡(Ω):分 200 Ω,2 kΩ,20 kΩ,200 kΩ,2 MΩ,200 MΩ 六挡;

交流电压挡(V∼):分 2 V, 20 V, 200 V, 750 V 四挡;

直流电压挡(V−):分 200 mV, 2 V, 20 V, 200 V, 1 000 V 五挡;

图 1-37 数字万用表

直流电流挡(A−):分 20 μA,2 mA,20 mA, 200 mA,20 A 五挡;

交流电流挡(A∼):分 2 mA,200 mA, 20 A 三挡;

电流放大倍数 hFE 挡:三极管 β 测量,有 NPN 和 PNP 两种型号管子的插孔;

⊣⊢•⟩):二极管测量,短路测量;

F 电容挡:分 20 n,200 n,100 u 三挡;

HOLD:用于锁定当前测量值,当需要保留实时测量值或者测量位置不便直接读数、测量连续变动量(如电机起动时电流)的当前值时,按下"HOLD"键,供判读记录。

一、万用表测直流电压

万用表测直流电压的步骤如下：

① 黑表笔插入 COM 端口，红表笔插入 VΩ 端口；

② 功能旋转开关打至 V−（直流），把旋钮旋到比估计值大的量程挡（注意：直流挡是 V−，交流挡是 V∼）；

③ 将数字万用表并联到被测线路中，被测线路中电压从一端流入红表笔，经万用表黑表笔流出，再流入被测线路中，红表笔接的是"+"极，黑表笔接的是"−"极；

④ 数值可以直接从显示屏上读取。

若显示为"1"，则表明量程太小，就要加大量程后再测量。

若在数值左边出现"−"，则表明表笔极性与实际电源极性相反，此时红表笔接的是负极。

二、万用表测直流电流

万用表测直流电流的步骤如下：

① 断开所测电流的两端电路；

② 黑表笔插入 COM 端口，红表笔插入 mA 或者 A 端口；

③ 功能旋转开关打至 A−（直流），并选择合适的量程，注意 A∼（交流）不可与直流电流混淆；

④ 将数字万用表串联被测线路中，被测线路中电流从一端流入红表笔，经万用表黑表笔流出，再流入被测线路中，红表笔接的是"+"极，黑表笔接的是"−"极；

⑤ 接通电路；

⑥ 读出 LCD 显示屏数字。

若显示为"1"，则表明量程太小，要加大量程后再测量。

若在数值左边出现"−"，则表明表笔极性与实际电源极性相反，此时红表笔接的是负极。

1.2.2 熔断器类型和检测

一、类 型

汽车前照明电路中熔断器分插片式和平板式。不同熔断器的熔体材料不同，插片式熔断器熔体材料一般由 Zn 或 Cu 制作，带有两只插脚，插入电路后即可与电路连接，对于小电流负载、短时间脉冲电流负载一般选用插片式熔断器，其额定工作电流为 2∼40 A。对于大电流负载、长时间脉冲电流负载一般选用平板式熔断器，其额定工作电流为 10∼500 A。

本项目中由于电流较小，故选用插片式熔断器。

二、检 测

熔断器常见故障为断路、接触不良。熔断器种类很多，但检测方法基本相同。检测时，将万用表挡位开关置于 200 Ω，然后将红黑表笔连接到熔断器两端，测量熔断器电阻。如果熔断器正常，则电阻接近 0 Ω；如果显示"1"，则表示熔断器断开；如果电阻不稳定，则表示熔断器内部接触不良。

1.2.3 直流继电器类型和检测

前照灯的工作电流较大，若用车灯开关直接控制前照灯，车灯开关易烧坏，因此在前照灯电路中设有前照灯继电器和变光继电器。

直流继电器由于通以直流时不会产生电抗,所以它的线圈线径比较细,主要是为了增大内阻,防止近似短路现象;因为工作时发热量较大,所以继电器做的较高、较长,主要是为了散热效果好。继电路结构和外形如图 1-38 所示。

　　四脚常开　　　　四脚常闭　　　　五脚转换

(a) 继电器外形　　　　　　　　　　　　(b) 继电器结构

图 1-38　继电器外形及结构

本项目中使用了直流继电器,它由线圈、铁芯和几组常开、常闭触点组成。当继电器线圈接通额定电压的直流电时,线圈产生磁场,吸引铁芯动作,与铁芯相连的常开触点闭合,同时,常闭触点断开。当继电器线圈断电时,线圈失去磁场,被吸引的铁芯在弹簧的作用下回到原位,与铁芯相连的常开触点断开,同时,常闭触点闭合。

一、类　型

直流继电器的类型有单位继电器和双位继电器,其结构和符号如图 1-39 所示。

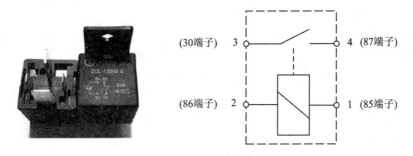

(30端子) 3　　　　　4 (87端子)

(86端子) 2　　　　　1 (85端子)

图 1-39　单位继电器结构及符号

1. 单位继电器

图 1-39 所示为单位继电器即四脚继电器。四脚继电器有两种,一种是常开触点的四脚继电器;85 和 86 是继电器线圈端,30 和 87 是继电器常开触点端;另外一种是常闭触点的四脚继电器,线圈仍然是 85 和 86,30 和 87a 是继电器常闭触点端。

2. 双位继电器

图 1-40 所示的双位继电器即五脚继电器,85 和 86 是继电器线圈端,30 和 87 是继电器常开触点端,30 和 87a 是继电器常闭触点端。

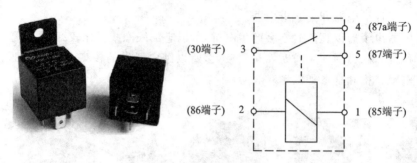

图 1-40　双位继电器结构及符号

二、检　测

1. 继电器检测方法

(1) 测触点电阻

用万用表的电阻挡测量常闭触点两端,其阻值应为 0,而常开触点两端的阻值为无穷大。由此可以区别出哪个是常闭触点,哪个是常开触点。

(2) 测线圈电阻

用万用表电阻挡测量继电器线圈的阻值,从而判断该线圈是否存在开路。

(3) 测量吸合电压和吸合电流

首先,准备可调稳压电源和电流表,然后给继电器输入一组电压,且在供电回路中串入电流表进行监测,慢慢调高电源电压,听到继电器吸合声时,记下该吸合电压和吸合电流值,为求准确,可以多试几次求平均值。

(4) 测量释放电压和释放电流

同(3)那样连接测试,当继电器发生吸合后,再逐渐降低供电电压,当听到继电器再次发生释放声音时,记下此时的电压和电流值,亦可多尝试几次,取释放电压和释放电流的平均值。一般情况下,继电器的释放电压为吸合电压的 10%～50%,如果释放电压太小(小于 1/10 的吸合电压),则不能正常使用了,这样会对电路的稳定性造成威胁,工作不可靠。

2. 继电器好坏的检测方法

(1) 开路检测

可用万用表测阻法检查判断继电器的好坏,以图 1-40 所示双位继电器为例,用万用表电阻挡检查 85 脚与 86 脚、87 脚与 87a 脚应导通。而 87 脚与 30 脚间电阻应为∞。如检得结果与上述规律不符,则说明继电器有问题。

(2) 加电检测

如果(1)检查无问题,可在 85 与 86 脚间加 12 V 电压,用万用表蜂鸣挡检查 87 脚与 30 脚应导通。如不符合上述规律,或通电后继电器发热,均说明其已损坏。其他各种继电器均可按上述方法进行检测判断。

1.2.4　灯泡类型和检测

本项目主要用到了汽车近光灯和远光灯,安装位置为车辆前部,左右对称,用于夜间行车道路的照明。由于前照灯的照明效果直接影响夜间行车驾驶的操作和交通安全,因此前照灯采取防眩目措施,多采用双丝灯泡:远光灯丝和近光灯丝。

一、类　型

1. 按种类分

汽车前照灯一般有充气灯泡、卤钨灯泡和新型高压放电氙气灯等几种类型,如图 1-41 所示,额定电压有 6 V、12 V、24 V 和 20 kV(高压灯泡)四种。除 20 kV 的高压灯泡以外,其他三种灯泡的灯丝由功率较大的远光灯丝和功率较小的近光灯丝组成,钨丝制作成螺旋状,以缩小灯丝的尺寸,有利于光束的聚合。

(1) 充气灯泡

充气灯泡节省电能,使用寿命较长。灯丝的钨质点在使用中要蒸发,使灯丝损耗,而蒸发出来的钨沉积在灯泡上,使灯泡发黑。

(2) 卤钨灯泡

卤钨灯泡是利用卤钨再生循环反应的原理制成的。在相同功率的情况下,卤钨灯泡的亮度是充气灯泡的 1.5 倍,使用寿命是充气灯泡的 2~3 倍。

(3) 新型高压放电氙气灯

新型高压放电氙气灯用包裹在石英管内的高压氙气替代传统的钨丝,可提供更高色温、更聚集的照明。光色和日光灯相似,亮度是目前卤素灯泡的 3 倍,寿命高达卤素气体灯泡的 5 倍。

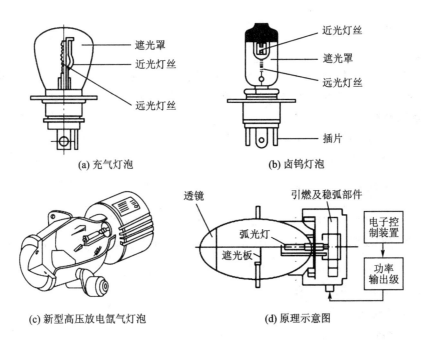

图 1-41　灯泡类型

2. 按结构分

汽车前照灯按结构分,有二灯制和四灯制。

二灯制:二灯制灯泡有一个大灯组,所采用的灯泡包含两个分开的光源,通过一个反射镜投射近光和远光。近光时只亮近光灯丝,功率一般为 55 W×2;远光时远近光灯丝一起亮,功率一般为 60 W×2。此类灯泡有双功率设计,通常用于轿车。

四灯制:四灯制有两个大灯组,一般近光灯组在外侧,远光灯组在内侧。近光时只开近光灯组,远光时远近光灯组同时开。此类灯泡常用于重型卡车和大型客车上以及中高档轿车。

判断灯泡是二灯制还是四灯制最简单的方法是开大灯(近光),然后看前面哪个灯泡亮了,然后转远光灯,再去看一次,如果远近光是同一个灯泡亮就是二灯制,不同的灯泡亮就是四灯制。

汽车前照灯实物如图 1－42 所示。

图 1－42　汽车前照灯实物

二、检　测

1. 蜂鸣挡检测

将万用表上的旋钮拨到二极管(蜂鸣)挡,并将红黑表笔插在万用表的正确位置。将红黑表笔分别接触到所需检测的两个引脚上,若有蜂鸣声则灯泡正常,否则灯泡已坏。

2. 电阻挡检测

将万用表上的旋钮拨到 200 Ω 挡,并将红黑表笔插在万用表的正确位置。将红黑表笔分别接触到所需检测的两个引脚上,若有电阻则灯泡正常,否则灯泡已坏。

1.2.5　电阻类型和检测

当电流流经导体时,导体对电流的阻力称为电阻。在电路中发挥电阻作用的元件称为电阻器。加在电阻两端的电压与通过电阻器的电流之比,称为电阻器的阻值,用 R 表示,单位为 Ω(欧姆)。

一、电阻器的分类及命名

1. 电阻器的命名方法

电阻器的命名方法如图 1－43 所示。

2. 电阻器的分类

(1) 按阻值特性分

电阻器按阻值特性,可分为固定电阻器、可变电阻器和敏感电阻器三大类。

固定电阻器是指阻值固定不变的电阻器,通常简称为电阻,主要用于阻值固定而不需要调节变动的电路。

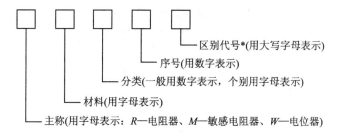

区别代号*(用大写字母表示)

序号(用数字表示)

分类(一般用数字表示，个别用字母表示)

材料(用字母表示)

主称(用字母表示：R—电阻器、M—敏感电阻器、W—电位器)

图 1 - 43　电阻器的型号标识

可变电阻器又称变阻器或电位器,主要用于阻值需要经常变动的电路,来调节音量、音调、电流、电压等。

敏感电阻器是指其阻值对某些物理量表现敏感的电阻元件。

（2）按材料结构分

电阻器按材料结构,可分为合金型、薄膜型和合成型三类。合金型电阻包括线绕电阻和块金属膜电阻;薄膜型电阻包括热分解碳膜电阻、金属膜电阻、金属氧化膜电阻、化学沉积膜电阻等;合成型电阻包括合成碳膜电阻、合成实芯电阻、金属玻璃釉电阻等。本项目重点介绍固定电阻器。

3. 常见电阻器

常见电阻器如图 1 - 44 所示。

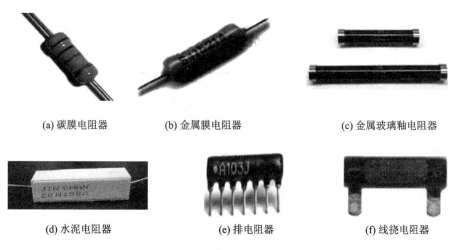

(a) 碳膜电阻器　　　　(b) 金属膜电阻器　　　　(c) 金属玻璃釉电阻器

(d) 水泥电阻器　　　　(e) 排电阻器　　　　(f) 线挠电阻器

图 1 - 44　常见的电阻器类型

二、电阻器的标志方法

电阻器上标注有电阻器的主要参数,如标称值、允许偏差等,以便使用中识别。电阻器的标志方法主要有直标法、文字符号法、色标法以及数码表示法。

1. 直标法

用阿拉伯数字和单位符号(Ω、$k\Omega$、$M\Omega$)在电阻体表面直接标出阻值,用百分数标出允许偏差的方法称为直标法。若电阻上未标注偏差,则均为±20%。

表 1 - 3 所列为电阻值单位及进位关系。

表 1-3　电阻值单位及进位关系

文字符号	单位及进位关系	名　称
R	$\Omega(10^0)$	欧姆
k	$k\Omega(10^3)$	千欧
M	$M\Omega(10^6)$	兆欧
G	$G\Omega(10^9)$	吉欧

2. 文字符号法

用阿拉伯数字和文字符号有规律地组合起来,表示标称值和允许偏差的方法称为文字符号法。表 1-4 所列为文字符号对应的允许偏差。

表 1-4　电阻允许偏差

允许偏差/%	文字符号	允许偏差/%	文字符号
±0.001	Y	±0.5	D
±0.002	X	±1	F
±0.005	E	±2	G
±0.01	L	±5	J
±0.02	P	±10	K
±0.05	W	±20	M
±0.1	B	±30	N
±0.25	C		

注:大多数电阻器的允许偏差值 J、K、M 三大类。

例如:6R2J 表示该电阻标称值为 6.2 Ω,允许偏差为±5%;

　　　3K6K 表示电阻值为 3.6 kΩ,允许偏差为±10%。

3. 色标法

色标法是指用不同颜色表示元件不同参数的方法。在电阻器上,不同的颜色代表不同的标称值和偏差。按照黑、棕、红、橙、黄、绿、蓝、紫、灰、白顺序排列,分别对应数字 0~9,具体如表 1-5 所列。

表 1-5　色标参考表

颜　色	有效数字	倍　数	允许偏差/%
银	—	10^{-2}	±10%(K)
金	—	10^{-1}	±5%(J)
黑	0	10^0	—
棕	1	10^1	±1%(F)
红	2	10^2	±2%(G)
橙	3	10^3	—
黄	4	10^4	—

续表 1 - 5

颜　色	有效数字	倍　数	允许偏差(％)
绿	5	10^5	
蓝	6	10^6	—
紫	7	10^7	—
灰	8	10^8	—
白	9	10^9	—
无色	—	—	±20％(M)

（1）四环电阻

普通电阻大多用四色环色标法来标注。前两环代表有效数，第三环为零的个数，第四环为参数的允许偏差。四环电阻标识如图 1 - 45 所示。

通常用金、银、棕表示参数允许误差，分别为 5％、10％、1％，这也是判断色环电阻第一环和最后一环的方法之一。

（2）五环电阻

精密电阻大多用五色环色标法来标注。前三环代表有效数字，第四环为零的个数，第五环为参数的允许偏差。五环电阻标识如图 1 - 46 所示。

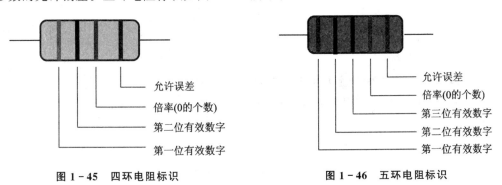

图 1 - 45　四环电阻标识　　　　　　　　图 1 - 46　五环电阻标识

（3）色环电阻器第一条色环的判别方法

① 一般第一条色环紧靠端面，如图 1 - 47(a)所示的黄色和如图 1 - 47(b)所示的棕色。

(a)　　　　　　　　　　　　　　(b)

图 1 - 47　色环电阻第一环和最后一环识别

② 末尾环与其他环间距要稍大一些，如图 1 - 47(a)所示的银色和图 1 - 47(b)所示的红色。

注意：金、银色不为首环，橙、黄及灰色不为末尾环。当判别首尾难分、色彩难辨的色环电阻器时,可将读数与万用表实际测量值比较后再进行判断,与万用表实际测量值相近的读数正确。另外还应注意银环容易氧化发黑,但其又与油漆的黑色不一样,没有光泽。

4．数码表示法

用三位数码表示电阻器标称值的方法称为数码表示法,简称数码法。数码是从左向右的,第一、二位数字为有效数,第三位是乘数(或为零的个数),单位为 Ω。其允许偏差通常用文字符号表示。数码法主要用于小体积的电阻器。

例如:512K——51×10^{2} Ω,误差为 $\pm10\%$;

513J——51×10^{3} Ω,误差为 $\pm5\%$。

三、电阻器的质量判别

1．外观检查

从外观检查电阻体表面有无烧焦、断裂,引线有无折断现象。对于在路的电阻器,可能出现松动、虚焊、假焊等现象,可用手轻轻地摇动引线进行检查,也可用万用表 Ω 挡测量,有问题时就会发现万用表数值不稳定。

2．阻值检查

电阻内部损坏或阻值变化较大,可通过万用表 Ω 挡测量来核对。合格的电阻值应该稳定在允许的误差范围内,若超出误差范围或阻值不稳定,则说明电阻不正常,不能选用。

3．电阻器测量注意事项

电阻器测量注意事项如下。

① 严禁带电测量。

② 选择合适的量程,使数字万用表减少读数误差。

③ 用手捏住电阻的一端引脚进行测量,不能用手捏住电阻体,防止人体电阻短路影响测量结果。

4．电阻器误差的计算

$$绝对误差(\Delta)=测量值(A_X)-标称阻值(A_0) \qquad (1-29)$$

$$相对误差(\gamma)=\frac{绝对误差(\Delta)}{标称阻值(A_0)}\times100\% \qquad (1-30)$$

任务实施

1．电阻器的识别与检测

① 准备 10 个碳膜电阻,四环和五环电阻各 5 个,额定功率 1/4 W,数字万用表 1 个。

② 根据色环识别方法,先把 10 个电阻的色环顺序写好,然后计算出标称阻值,偏差取决于最后一环,将以上三列数据分别填入表 1－6。

③ 用数字万用表电阻挡分别检测 10 个电阻,根据标称阻值来选择电阻量程,所测得值即为电阻测量值,将其填入表 1－6 中。如果数字万用表显示 1,表示超量程,说明用色环识别的标称阻值有错误,应增大量程读取阻值。在未知阻值的情况下,量程挡采取就高原则,随后逐渐减少,直至误差最小。

④ 绝对误差 ΔX 和相对误差 γ 的计算,可参照公式(1－29)和公式(1－30)。

表 1 - 6　电阻的识别与检测

电　阻	色环顺序	读数		测量值	绝对误差 ΔX	相对误差 γ
		标称阻值	偏差/%			
R_1						
R_2						
R_3						
R_4						
R_5						
R_6						
R_7						
R_8						
R_9						
R_{10}						

2. 直流电压、直流电流、电位的仿真测量

① 打开 Proteus 软件,参照表 1 - 7 查找元器件,根据图 1 - 48,从电源正极、经过电阻 R_1、电阻 R_2 到电源负极,按照一个回路的接线原则逐渐增加后面的线路。注意进线端和出线端的位置,一般左进右出,上进下出。

表 1 - 7　汽车前照明电路图元件参数表

元件名称	关键词	元件符号	参数设置	数量
电源电压	Cell		6 V	1 个
电阻	Res		10 k	3 个
开关	Switch		无	2 个
直流电压表	DC VOLOTMETER		无	6 块
直流电流表	DC AMMETER		无	3 块

② 测试直流电压:直流电压表采用并联连接,一端连元器件的正极,一端连元器件的负极。在 Proteus 仿真软件中,选择左端虚拟仪器模式，左键"DC VOLTMETER",拖到对应的元器件两端即可测试直流电压,连接时注意直流电压表的方向,单击"仿真运行",按表 1 - 8 所列的四种状态记录 U_1、U_2、U_3 的值。

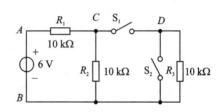

图 1 - 48　直流电压和直流电流测试电路图

③ 测试直流电流：直流电流表采用串联连接，如测试 R_1 的电流 I_1，应断开 R_1 电阻一端，万用表红表笔插入断开的高电位，黑表笔插入断开的低电位，此时万用表被串联在电路中。在 Proteus 仿真软件中，选择左端虚拟仪器模式 🖳，左键 DC AMMETER，拖到断开的元器件两端即可测试直流电流，连接时注意直流电流表的方向，点击"仿真运行"，按表 1-8 所列的四种状态记录 I_1、I_2、I_3 的值。

④ 测试电位：测试电位其实也是测试电压，如果以 A 为参考点，则 A 为电压的负极，V_A 用"—"表示，应放置黑表笔，其余 B、C、D 三点分别表示 U_{BA}、U_{CA}、U_{DA}，应分别放置红表笔，所测得的电位即为 V_B、V_C、V_D。单击"仿真运行"按表 1-8 所列的四种状态记录 V_A、V_B、V_C、V_D 的值。

表 1-8　直流电压、电流、电位测量

电路状态		U_1	U_2	U_3	I_1	I_2	I_3	V_A	V_B	V_C	V_D
S_1、S_2 均断开	测量							—			
	理论						0	—			
S_1 闭合、S_2 断开	测量					—			—		
	理论										
S_1 断开、S_2 闭合	测量									—	
	理论								—	—	
S_1、S_2 均闭合	测量										—
	理论						—				—

3. 直流继电器的检测

① 准备 3 个 12 V 直流继电器，其中四脚继电器(常开)和四脚继电器(常闭)各 1 个，五脚继电器 1 个，数字万用表 1 个。

② 线圈的检测

将万用表拨至 200 Ω 挡，然后将两表笔分别与线圈接线脚 85 和 86 端子接触，测量其电阻值，正常时线圈阻值约 75 Ω；若测量电阻值为 ∞，说明线圈断路；若测量电阻值过小，说明线圈短路。

③ 常闭触点的检测

将万用表拨至 200 Ω 挡，然后将两表笔分别与常闭触点接线脚 30 和 87a 端子接触，测量其电阻值。正常时万用表应有值，且阻值≤0.8 Ω；若测量电阻为 ∞，说明触点烧蚀。

④ 常开触点的检测

用两根跨接线把 12 V 的蓄电池电压给线圈通电，将万用表拨至 200 Ω 挡，然后将两表笔分别与常开触点接线脚 30 和 87 端子接触，测量其电阻值。正常时万用表应有阻值且≤1.41 Ω；若测量电阻为 ∞，说明触点烧蚀。

⑤ 将测量结果分别填入表 1-9 对应的空格中。

表 1 - 9　继电器的检测

继电器类型	检测	测量端子	电阻/Ω	判断
四脚继电器(常开)	断电	线圈 85、86		
	断电	常开 30、87		
四脚继电器(常闭)	断电	线圈 85、86		
	断电	常闭 30、87a		
五脚继电器	断电	线圈 85、86		
	断电	常开 30、87		
	断电	常闭 30、87a		

学习任务 1.3　汽车前照明电路安装与实施

任务引入

本项目是模拟汽车二灯制前照明电路。电阻、灯泡、开关是汽车前照明电路的基本组成，本任务电路图的设计可以在多孔板上进行安装，也可以在 Proteus 上进行仿真，通过安装、调试和检测，掌握电路安装工艺，学会测量电路相关参数，排除电路故障。

学习目标

① 掌握电路安装工艺；
② 学会元器件布局和安装；
③ 学会计算元器件参数；
④ 学会测量电路相关参数；
⑤ 学会电路检测和常见故障分析。

任务必备知识

1.3.1　电路参数计算

一、电路分析

由于汽车前照明电路中灯泡的功率为 55～60 W，蓄电池电压为 12 V，因此对蓄电池电流要求比较大且蓄电池造价比较高，在课程中考虑到安全性和经济型，故本项目分别提供了仿真和多孔板焊接两种方案。二灯制汽车照明电路如图 1 - 49 所示。

考虑到实际汽车灯泡的电流很大，不适合多孔板安装，本项目模拟汽车前照明电路中的 L_1、L_2 均是 12 V、1.2 W 的灯泡，R_1 和 R_2 要求参数一致，阻值和功率未知，要求进行计算并选择。

① 当闭合总电源开关 S，未闭合开关 S_1 时，灯泡

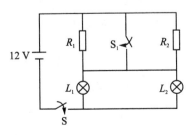

图 1 - 49　二灯制汽车照明电路图

L_1 和 L_2 如何工作?

② 当闭合总电源开关 S 和开关 S_1 时,灯泡 L_1 和 L_2 如何工作?

当闭合总电源开关 S 时,电源电压 12 V 经过电阻 R_1 和 L_1 形成闭合回路,从而产生电流,由于灯泡 L_1 是阻性负载,可以把灯泡 L_1 假想成一个电阻,两个电阻顺次连接在电路里,即串联电路,流过每个电阻的电流均相等,同时根据欧姆定律、基尔霍夫与定律、电阻串并联分析。

二、参数计算

由于 R_1 和 R_2 两个碳膜电阻阻值以及功率未知,但两电阻、两灯泡参数一致,故计算时只需要考虑 R_1、L_1 或者 R_2 和 L_2 即可。

1. 计算灯泡的电阻

近光时:闭合开关 S,等效电路如图 1-50 所示。

根据欧姆定律 $U=IR$ 和功率 $P=UI$,计算出 R_{L_1} 的值。

因为,
$$P=UI=I^2R=U^2/R$$

所以,
$$R_{L_1}=U^2/P=12\text{ V}\times 12\text{ V}/1.2\text{ W}=120\text{ }\Omega$$

远光时:闭合开关 S 和 S_1,等效电路如图 1-51 所示。

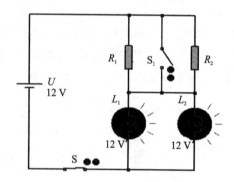

图 1-50 二灯制汽车照明电路近光灯等效电路图

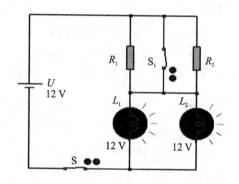

图 1-51 二灯制汽车照明电路远光灯等效电路图

在该电路中,S_1 由于闭合,用导线分别并联在 R_1 和 R_2 两端,称其为短接,故 R_1 和 R_2 不起作用,灯泡 L_1 或者 L_2 直接由电源提供能量,有
$$U_{L_1}=12\text{ V},\quad U_{R_1}=0,I_{R_1}=0,\quad P_{L_1}=1.2\text{ W}$$

2. 计算 I_{L_1}、U_{L_1}

发近光时须串联一电阻 R,使 $P_{L_1}=0.6\text{ W}$。

根据 $P_{L_1}=I^2_{L_1}\times R_{L_1}=I^2_{L_1}\times 120\text{ }\Omega=0.6\text{ W}\Rightarrow I_{L_1}=0.07\text{ A}$

再根据欧姆定律,有 $\quad U_{L_1}=I_{L_1}\times R_{L_1}=0.07\text{ A}\times 120\text{ }\Omega=8.4\text{ V}$

3. 计算 U_{R_1}、R_1、P_{R_1}

根据基尔霍夫电压定律,有
$$U_{R_1}=12\text{ V}-U_{L_1}=12\text{ V}-8.4\text{ V}=3.6\text{ V}$$

根据串联电路的特点,流过的电流相等,故
$$I_{R_1}=I_{L_1}=0.07\text{ A}$$

$$R_1=U_{R_1}/I_{R_1}=3.6\text{ V}/0.07\text{ A}\approx 50\text{ }\Omega$$

$$P_{R_1}=U_{R_1}\times I_{R_1}=3.6\text{ V}\times 0.07\text{ A}\approx 0.252\text{ W}$$

取 $P_{R_1} = 1\ \text{W}$

4. 填写数据

根据计算,将结果填入表 1－10 中。

表 1－10　远近光参数计算

灯泡参数	计算值						
	R_{L_1}/Ω	I_{L_1}/A	U_{L_1}/V	U_{R_1}/V	I_{R_1}/A	R_1/Ω	P_{R_1}/W
远光灯(12 V/1.2 W)							
近光灯(12 V/0.6 W)							

任务实施

1. 汽车二灯制前照明电路的仿真测试

① 根据图 1－49 连接电路,打开 Proteus 软件,参照表 1－11 查找元器件。

表 1－11　二灯制汽车照明电路仿真测试元器件清单

序　号	名　称	元器件型号	元件符号	参数设置	数　量
1	蓄电池	Cell		12 V	1
2	碳膜电阻	Res		50 Ω	2
3	开关	Switch		无	2
4	灯泡	Lamp		12 V/1.2 W	2

② 在仿真软件中单击 ▣ 图标,选择"DC VOLTMETER",四个电压表分别并联到 L_1、L_2、R_1、R_2 两端,单击"仿真运行",分别按下远光灯和近光灯开关,并将数据记录到表 1－12 中。

③ 在仿真软件中单击 ▣ 图标,选择"DC AMMETER",四个电流表分别串联到 L_1、L_2、R_1、R_2 两端,单击"仿真运行",分别按下远光灯和近光灯开关并将数据记录到表 1－12 中。

表 1－12　远近光参数测试

两种情况	测试参数							
	U_{L_1}/V	U_{L_2}/V	U_{R_1}/V	U_{R_2}/V	I_{L_1}/A	I_{L_2}/A	I_{R_1}/A	I_{R_2}/A
远光灯(12 V/1.2 W)								
近光灯(12 V/0.6 W)								

2. 设计一个汽车四灯制前照明电路图

① 灯泡型号相同(均为 12 V/3 W):

② 灯泡型号不相同(分别为 12 V/3W,12 V/1.5 W):

1.3.2 电路安装工艺分析

本项目要完成一个模拟汽车前照灯电路的焊接,焊接之前,要求对焊接有一个清晰的认识,故对焊接做一些介绍。

一、焊接工具

1. 电烙铁

(1) 外热式电烙铁

外热式电烙铁由烙铁头、烙铁芯、外壳、木柄、电源引线、插头等部分组成。由于烙铁头安装在烙铁芯里面,故称为外热式电烙铁,如图 1-52 所示。

烙铁芯是电烙铁的关键部件,它是将电热丝平行地绕制在一根空心瓷管上构成,中间的云母片绝缘,并引出两根导线与 220 V 交流电源连接。

外热式电烙铁的规格很多,常用的有 25 W、45 W、75 W、100 W 等,功率越大烙铁头的温度也就越高。

烙铁芯的功率规格不同,其内阻也不同。25 W 烙铁的阻值约为 2 kΩ,45 W 烙铁的阻值约为 1 kΩ,75 W 烙铁的阻值约为 0.6 kΩ,100 W 烙铁的阻值约为 0.5 kΩ。

烙铁头是用紫铜材料制成的,它的作用是储存热量和传导热量,它的温度必须比被焊接的温度高很多。烙铁的温度与烙铁头的体积、形状、长短等都有一定的关系。当烙铁头的体积比较大时,保持时间就长些。另外,为适应不同焊接物的要求,烙铁头的形状有所不同,常见的有锥形、凿形、圆斜面形等。

(2) 内热式电烙铁

内热式电烙铁由手柄、连接杆、弹簧夹、烙铁芯、烙铁头组成。由于烙铁芯安装在烙铁头里面,因而发热快,热利用率高,因此,称为内热式电烙铁,如图 1-53 所示。

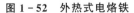

图 1－52　外热式电烙铁　　　　　　　　　图 1－53　内热式电烙铁

内热式电烙铁的常用规格有 20 W、50 W 等几种。由于它的热效率高,20 W 内热式电烙铁就相当于 40 W 左右的外热式电烙铁。

内热式电烙铁头的后端是空心的,用于套接在连接杆上,并且用弹簧夹固定,当需要更换烙铁头时,必须先将弹簧夹退出,同时用钳子夹住烙铁头的前端,慢慢地拔出,切记不能用力过猛,以免损坏连接杆。

内热式电烙铁的烙铁芯是用比较细的镍铬电阻丝绕在瓷管上制成的,其电阻约为 2.5 kΩ（20 W）,烙铁的温度一般可达 350 ℃ 左右。

由于内热式电烙铁有升温快、重量轻、耗电少、体积小、热效率高等特点,因而得到了普遍的应用。

电烙铁的手持方式有正握法、反握法和握笔法三种,如图 1－54 所示。焊接元器件或维修电路板时,一般使用握笔法。

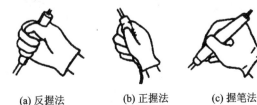

(a) 反握法　　　　　(b) 正握法　　　　　(c) 握笔法

图 1－54　电烙铁手持方式

2. 其他辅助工具

① 斜口钳:主要用于剪切导线、引脚;

② 尖嘴钳:头部较细,适用于夹小型金属器件;

③ 镊子:用于夹持导线和元器件,在焊接时夹持器件兼有散热作用;

④ 起子:又称螺丝刀。有"一"字和"十"字两种,专用于拧螺钉;

⑤ 吸锡器:吸除焊锡,便于元器件取下。

斜口钳和尖嘴钳,镊子和起子分别如图 1－55 所示。

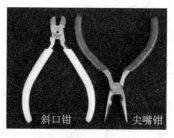

(a) 斜口钳和尖嘴钳

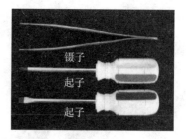

(b) 镊子和起子

图 1-55　其他辅助工具

二、焊接材料

1. 助焊剂——松香

助焊剂用来润湿焊料,帮助焊料熔化。助焊剂一般采用松香,以帮助和加速焊接的进程,它可以除去氧化,防止氧化,减小焊料的表面张力,使焊点美观。

2. 手工焊锡丝

带焊剂芯的焊锡丝,腔体内充以焊剂,焊剂在常温下是固态的,但当焊丝熔化时,焊剂以液态流出,起清洗氧化层,增加焊接润湿的作用,并在焊点表面固化。

焊接材料如图 1-56 所示。

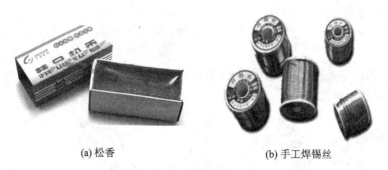

(a) 松香　　　　　　　　　　　(b) 手工焊锡丝

图 1-56　焊接材料

三、焊接条件

1. 焊件必须具有充分的可焊性

金属表面能被熔融润湿焊料的程度称为可焊性,只有能被焊锡浸润的金属才具有可焊性。铜及其合金、金、银、铁可焊性好,铝、不锈钢、铸铁可焊性差。

2. 焊件表面必须保持清洁

为了使焊锡和锡件达到原子间相互作用的目的,焊件表面任何污垢杂质都应清除。

3. 加热到适当的温度

只有在足够高的温度下,焊料才能充分浸润,并充分扩散形成合金结合层,但过高的温度是有害的。

4. 使用合适的焊剂

减小焊料熔化后的表面张力,增加焊锡流动性,有助于焊锡浸润焊件,使焊点美观。

5. 适当的焊接时间

焊接时间过长易损坏焊接部位及元件性能,过短易出现虚焊。

四、焊接步骤

焊接步骤包括:准备施焊、加热焊件、送入焊丝,移开焊丝以及移开烙铁五步,如图 1－57 所示。

准备施焊　　加热焊件　　送入焊丝　　移开焊丝　　移开烙铁

图 1－57　焊接步骤

1. 准备施焊

把被焊件、焊锡和烙铁准备好,处于随时可焊的状态。即右手拿烙铁,左手拿锡丝处于随时可施焊状态。

2. 加热焊件

把烙铁头放在接线端子和引线上进行加热。应注意加热整个焊件全体。

3. 送入焊丝

被焊件经加热达到一定温度后,立即将手中的锡丝触到被焊件使之熔化适量的焊料。注意焊锡应加到被焊件与烙铁头对称的一侧,而不是直接加到烙铁头上。

4. 移开焊丝

在锡丝熔化一定量后,迅速移开锡丝。

5. 移开烙铁

当焊料的扩散范围达到要求时,即焊锡浸润焊盘或焊件的施焊部位后移开电烙铁。

五、合格焊点及质量检查

1. 合格焊点要求

① 形状为近似圆锥而表面呈微凹形,虚焊点表面往往呈凸形。

② 焊料的连接面呈半弓形凹面。

③ 表面光泽平滑。

④ 无裂纹、针孔、夹渣。

2. 焊接质量检查

常见焊点的缺陷及分析如表 1－13 所列。

表 1－13　常见焊点的缺陷及分析

焊点缺陷	外观特点	危　害	原因分析
虚焊 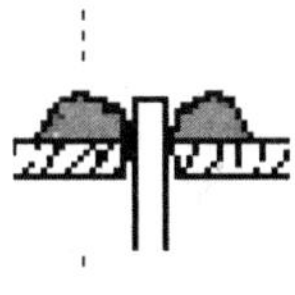	焊锡与元器件引线或与铜箔之间有明显黑色界线,焊锡向界线凹陷	不能正常工作	① 元器件引线未清洁好,未镀好锡或锡被氧化; ② 印制板未清洁好,喷涂的助焊剂质量不好

续表 1 - 13

焊点缺陷	外观特点	危　害	原因分析
滋挠动焊	有裂痕,如面包碎片粗糙,接处有空隙	强度低,不通或时通时断	焊锡未干时而受移动
焊料堆积	焊点结构松散白色、无光泽,蔓延不良接触角大,70~90°,不规则之圆	机械强度不足,可能虚焊	① 焊料质量不好; ② 焊接温度不够; ③ 焊锡未凝固时,元器件引线松动
焊料过少	焊接面积小于焊盘的 75%,焊料未形成平滑的过镀面	机械强度不足	① 焊锡流动性差或焊丝撤离过早; ② 助焊剂不足; ③ 焊接时间太短
焊料过多	焊料面呈凸形	浪费焊料,且可能包藏缺陷	焊丝撤离过迟
松香夹渣	焊缝中夹有松香渣	强度不足,导通不良,有可能时通时断	① 焊剂过多或已失效; ② 焊接时间不足,加热不足; ③ 表面氧化膜未去除
过热	焊点发白,无金属光泽,表面较粗糙	焊盘容易剥落,强度降低	烙铁功率过大,加热时间过长
冷焊	表面呈豆腐渣状颗粒,有时可能有裂纹	强度低,导电性不好	焊料未凝固前焊件拌动
浸润不良	焊料与焊件交界面接触过大,不平滑	强度低,不通或时通时断	① 焊料清理不干净; ② 助焊剂不足或质量差; ③ 焊件未弃分加热

焊点缺陷	外观特点	危　害	原因分析
蔓延不良	接触角 70°～90°,焊接面不连续,不平滑,不规则	强度低,导电性不好	焊接处未与焊锡融合,热或焊料不够,烙铁端不干净
无蔓延	接触角超过 90°,焊锡不能蔓延及包掩,若球状物如油沾在有水分面上	强度低,导电性不好	焊锡金属面不相称,另外就是热源本身不相称
不对称	焊锡未流满焊盘	强度不足	① 焊料流动性好;② 助焊剂不足或质量差;③ 加热不足
松动	导线或元器件引线可能移动	导通不良或不导通	① 焊锡未凝固前引线移动造成空隙;② 引线未处理
拉尖	出现尖端	外观不佳,容易造成桥接现象	烙铁不洁,或烙铁移开过快使焊处未达焊锡温度,移出时焊锡沾上跟着而形成
桥接	相邻导线连接	电气短路	① 焊锡过多;② 铁撤离角度不当
焊锡短路	焊锡过多,与相邻焊点连锡短路	电气短路	① 焊接方法不正确;② 焊锡过多
针孔	目测或低倍放大镜可看见铜箔有孔	强度不足,焊点容易腐蚀	焊锡料的污染不洁、零件材料及环境影响

焊点缺陷	外观特点	危　害	原因分析
气泡 	气泡状坑口,里面凹下	暂时导通,但长时间容易引起导通不良	气体或焊接液在其中,上热及时间不当使焊液未能流出
铜箔剥离 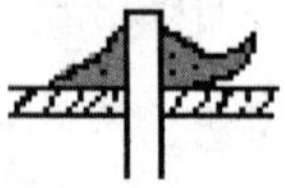	铜箔从印制板上剥离	印制板已损坏	焊接时间太长
焊点剥落 	焊点从铜箔上剥落(不是铜箔与印制板剥离)	断路	焊盘上金属镀层不良

任务实施

1.3.3　电路安装与测试

一、准备材料清单

二灯制汽车前照明电路材料清单如表 1－14 所列。

表 1－14　二灯制汽车前照明电路材料清单

序　号	名　称	型　号(规　格)	数　量
1	直流稳压电源	12 V(通过仪器引入)	1个
2	碳膜电阻	50 Ω/1 W	2个
3	小灯泡	12 V/1.2 W	2个
4	开关	六脚自锁开关	2个
5	焊锡丝		若干
6	镀锡铜丝		若干
7	多孔板		1块

二、元器件测试

1. 核对元器件

对照材料清单,核对元器件的型号和数量,并对碳膜电阻、小灯泡的阻值进行测量,确保安装前元件的质量。

2. 测　量

将数字万用表打到电阻挡,分别测量电阻和灯泡的阻值并记录到表 1－15 的测量值中,同时用色环法写出标称值,与之进行对比并计算绝对误差和相对误差。

表 1-15　二灯制汽车前照明电路元器件测试

元器件	标称值	测量值	绝对误差	相对误差	备注
R_1/R_2					
L_1/L_2					

3. 判断六脚自锁开关的常开触点

① 将数字万用表打到蜂鸣挡,先测量六脚自锁开关中任意一排三个引脚的任意两脚,判断哪两个是导通的,哪两个是断开的;按键按下,再测量任意两脚,判断哪两个是导通的,哪两个是断开的;按键按下导通的两脚即为常开触点,可作为焊接的两个引脚。

② 完成图 1-58 所示的六脚自锁开关常开触点的连接。

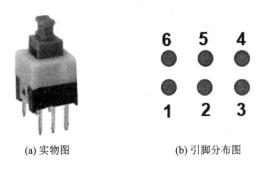

(a) 实物图　　　　　(b) 引脚分布图

图 1-58　六脚自锁开关

三、元器件安装

1. 电子元器件的引线整形

电子元器件安装到多孔板上时,必须事先对元器件的引脚进行整形,主要是为了使元器件的安装尺寸满足多孔板的要求。

2. 电子元器件的插装方法

① 插装的顺序:先低后高,先小后大,先轻后重。

② 元器件的间距:在多孔板上的元器件之间的距离不能小于 1 mm;引线间距要大于 2 mm。一般元器件应紧密安装,使元器件贴在多孔板上。

注意:二灯制汽车前照明电路板因元器件较少,元器件的安装顺序为:电阻、六脚自锁开关、灯泡。安装前注意元器件引脚是否氧化,对氧化严重的元件要进行处理和上锡。

四、电路焊接

在多孔板上安装电路,首先要设计好装配图。设计多孔板装配图就是要规划好元器件的位置,以便于用导线将元器件引脚连接起来,使电路具有电气连接性能。设计多孔板装配图可以在多孔板上进行直接规划,也可先在纸上画图规划。

由于本电路比较简单,共 6 个元件,模拟二灯制汽车照明电路(见图 1-51),可以直接在多孔板上边安装边规划。规划的装配图可以因人而异,只要使电路具有应有的电气连接性能和一定的美观度即可,在保证焊接质量的同时,元器件和连线都应保持水平或垂直(不能倾斜),并尽量贴紧底板。

以多孔板为例,电阻、灯泡等6个元件都安装在多孔板元件面,12 V正极和负极为2个单排针。焊接面上所有的点都是焊点,所有的线(实线)都是连线。安装过程如下:

① 在一块5 cm×7 cm多孔板的元件面和焊接面的中间用铅笔画条直线,将它分成5 cm×3.5 cm两部分,一部分用于安装本电路,另一部分留给下次安装。

② 将多孔板竖起,使之垂直于桌面,并使多孔板的方向为左右宽度7 cm、上下高度5 cm,便于观察元件和连线,然后将其靠在仪器或其他物品上,使之保持垂直,最好想办法用钳子之类的工具将其略微固定一下,并使焊接面面向自己,便于焊接。

③ 将本项目的电阻、六角自锁开关元件插入规划好的多孔板的中间位置,色环电阻方向一致,建议第一环放在左侧,最后一环放在右侧。

④ 将插好的两电阻从根部折弯90°,弯脚长度一般为6~8孔,中间空开4~6孔,本项目中弯脚长度为7孔。

⑤ 将本电路的两灯泡元件插入规划好的多孔板的右边位置,两灯泡布局时可以上下位置对称或左右位置对称,注意引脚要留出一定位置,便于在元器件正面测试其两端电压。

⑥ 焊接从电源正极开始,按照闭合回路进行焊接,元器件尽量贴着底板,又要确保焊接质量,还要注意避免烫伤其他物品。焊完后剪去多余引脚,剪下的引脚要保留,可以作为导线使用。

⑦ 焊接完成后,先自行检查元件位置、连线、焊点和焊接质量,再与同组同学进行互查,如果再次检查没有发现问题,可以进行下一步操作;如果检查有问题,则要进行返修,修好后再检查。

五、通电调试

1. 电路功能测试

① 认真检查连接的线路,确认无误后通电;
② 合上近光开关、断开远光开关,观察两灯泡发光情况;
③ 合上远近光开关,观察两灯泡发光情况;
④ 断开近光开关,观察两灯泡发光情况。

若两灯泡能根据开关状态正常发光,可进行电路参数的测量。若不能正常发光,则需进行电路维修。

2. 电路参数测试

① 将万用表打到DC 20 V挡,红黑表笔分别放到多孔板接线柱的"＋"和接线柱的"－"极,分别按表1-16所列的三种现象测试电压,此时所测的电压为电源电压,将结果记录到表1-16中。

② 将万用表红表笔插孔插到"VΩ"端,黑表笔插孔插到"COM"端,旋转量程打到DC 20 V挡,红黑表笔分别放到多孔板左灯泡的进线端和出线端。右灯泡电压、左电阻电压、右电阻电压测试方法同理,分别按表1-16所列的三种现象测试电压,此时所测的电压为 $U_{左灯}$、$U_{右灯}$、$U_{左电阻}$、$U_{右电阻}$,将结果记录到表1-16中。

③ 将万用表打到DC 20 V挡,红黑表笔分别放到多孔板近光开关的进线端和出线端,远光开关电压测试方法同理,分别按表1-16所列的三种现象测试电压,此时所测的电压为 $U_{近光开关}$、$U_{远光开关}$,将结果记录到表1-16中。

④ 将万用表红表笔插孔插到"A"端,黑表笔插孔插到"COM"端,旋转量程打到DC 10 A

挡,红黑表笔分别放到多孔板接线柱的"＋"和开关 S 进线端,分别按表 1－16 所列的三种现象测试电源电流,并将结果记录到表 1－16 中。

测量注意事项:

① 在用万用表测直流电压时,万用表应并联在被测电路两端,且红表笔接高电位点。

② 在用万用表测直流电流时,万用表应串联在被测电路中,且让电流从红表笔流入万用表。

表 1－16　参数测试

现　　象	电源电压/V	电源电流/A	$U_{左灯}$/V	$U_{右灯}$/V	$U_{左电阻}$/V	$U_{右电阻}$/V	$U_{近光开关}$/V	$U_{远光开关}$/V
发近光时								
发远光时								
不发光时								

六、故障分析

1. 无论拨动哪个开关,两个灯都不亮,故障原因是_____,
检修法_____。

2. 左路或右路、远光或近光,至少有一个灯始终不亮,故障原因是_____
_____,检修方法为_____。

学习情境 2　客厅供电线路分析和安装检测

在新房还没有开始装修的时候,需要提前规划好每个房间的功能。客厅、厨房、卧室等不同功能的房间用电需求差别很大,对开关和插座的要求也不一样。学习完本项目的内容后,读者将学会针对房间需求进行科学、安全地布置用电线路,设定安全保护措施。

在本项目中,通过客厅供电线路的分析,能够根据客厅供电需求选择合适的低压电气设备和元器件,根据交流电路分析方法进行客厅供电线路电路的安装与检测。

项目导读

本项目以客厅的供电需求为例,学习客厅供电线路图的设计,学会各种电气元件,以及用电设备、空气开关的选型。根据客厅的照明要求,学习单控和双控两种常用的照明电路接线方法。对于家用电器及其用电需求,对插座进行选型和接线,掌握开关和插座之间的连接关系;根据客厅供电线路图,进行各元器件选型、布线操作,掌握相关的操作工艺。

本项目将完成以下三个学习任务。

① 认识客厅供电线路;
② 客厅供电和用电设备及其选型;
③ 客厅供电线路的设计与实施。

学习任务 2.1　认识客厅供电线路

任务引入

在房屋装修的时候,需要考虑每个房间的供电需求,按照自己的居住喜好,进行合理的供电线路设计和布局。如果住户对客厅的用电要求如下:

① 客厅大门的墙上,以及客厅靠近走廊的墙上各有一个开关,并且这两个开关都能够控制客厅的同一个照明灯;
② 客厅进门处有另外一个开关控制客厅的氛围灯;
③ 需要一个挂式空调;
④ 预留一个带开关的五孔插座,保证其他家用电器的灵活使用。

在明确了用户的用电需求之后,再根据每个需求确定供电线路以及元器件的线路设计。本任务中,需要学生了解客厅供电线路组成,学习供电线路所需要的电源、负载和中间环节后,就可以安装实施了。

学习目标

① 掌握交流电路的基本概念;
② 了解三相交流电系统的工作原理;
③ 掌握客厅供电线路的分析方法;

④ 能够根据客厅供电线路的需求进行元器件的选型。

任务必备知识

2.1.1　识读客厅供电线路

一、客厅供电线路组成

每个房间的使用功能不同决定了用电需求,在设计客厅供电线路时,需要提前计划好照明以及主要电器,然后再做供电线路的电路布局。

本项目以一个 30 m² 客厅供电需求为例,学习客厅供电线路的相关知识。客厅供电线路由空气开关、照明系统和插座系统组成,如图 2-1 所示。

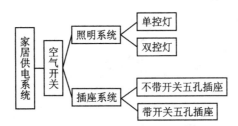

图 2-1　客厅供电线路组成

具体的电器型号、用电量大小、照明要求等,都是客厅供电线路需要考虑的内容。需要对客厅供电线路进行用电设备的选型、配电系统设计,以及安装实施。

二、常见客厅供电线路

客厅供电系统包括照明系统和插座系统,以照明系统为例,图 2-2(a)所示的单控电路和图 2-2(b)所示的双控电路分别都用了 220 V 的交流电。对于单控灯电路,开关 SW_1 可以单独控制 L_1 灯的亮灭,故称为单控接线,它适合空间较小的场合,如书房。对于双控灯电路,必须使开关 SW_1 和开关 SW_2 配合,才能够控制 L_2 灯的亮灭,故称为双控接线,它适合空间较大一些的场合,如卧室或者客厅,在两个地方可以同时控制一盏灯。

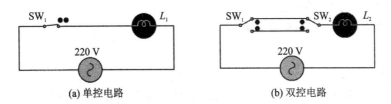

(a) 单控电路　　　　　　　　　　　　(b) 双控电路

图 2-2　客厅照明线路

单控和双控照明电路的接线都是家庭中经常用的电路,220 V 电源是三相交流电源的单相交流电压。下面学习单相交流电,交流电路的分析方法、三相交流电路的电压和电流。

2.1.2　认识交流电

与直流电对应的是交流电,交流电是指大小和方向随时间做周期性变化的电压或电流。交流电的电压、电流变化可以是正弦波、三角形波、正方形波等。其相关的电路称为正弦交流电路。

一、交流电三要素

以正弦交流的电流为例,其数学表达式为式(2-1),电压的数学表达式与电流相似。

$$i(t) = I_m \sin(\omega t + \varphi) \tag{2-1}$$

式中,I_m 为正弦交流电的振幅;ω 为角频率;φ 为初相位。

图 2-3 所示为正弦交流电流的波形。要准确地表达一个正弦量,必须具备三个要素,即振幅、角频率和初相位,称其为正弦量的三要素。

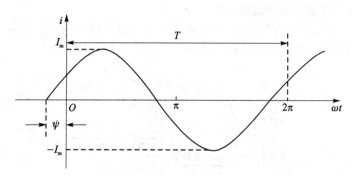

图 2-3 正弦交流电流波形图

1. 振 幅

正弦量在任一瞬间的数值称为瞬时值,用小写字母 i 或 u 表示。正弦量中瞬时值的最大值称为振幅,也叫幅度、最大值或峰值。对于图 2-3 所示的电流,峰值为 I_m,下标 m(即 max)表示该交流电流最大值。有时在读示波器的波形时,也会用到"峰—峰"值,即从最低点 $-I_m$ 到最高点 I_m 的值,虽然"峰—峰"值的一半即峰值,但是用"峰—峰"值读出的数据往往更准确。

交流电流的有效值用 I 表达,虽然该表示符号和直流电流的表示符号相同,但是在交流电中,单独的大写字母表示该交流量的有效值,实际上为最大值的"均方根值",是指对于某电阻,交流电在一周期内所产生的热量与直流电通过该电阻在同样时间内产生的热量相等,此直流电的值则是该交流电的有效值。

交流电流的最大值 I_m 和有效值 I 的关系为

$$I_m = \sqrt{2} I \tag{2-2}$$

2. 角频率

角频率是描述正弦量变化快慢的物理量。正弦量在单位时间内所经历的电角度称为角频率,用字母 ω 表示,单位为 rad/s(弧度/秒)。与角频率相关的另外两个物理量分别是周期 T 与频率 f。

交流电变化一次所需要的时间称为周期,用 T 表示,单位为秒(s)。电流波形的两个峰值之间所用的时间即为周期,交流电每秒钟变化的次数为频率,用 f 表示,单位为赫兹(Hz)。频率与周期的关系为

$$f = \frac{1}{T} \tag{2-3}$$

我国电网所供给的交流电频率为 50 Hz,称为工频电;美国、加拿大、日本等国家的工频为

60 Hz。

角频率为正弦信号在一个周期 T 内变化一次所经历的弧度,角频率与周期、频率之间的关系满足

$$\omega = 2\pi f = \frac{2\pi}{T} \tag{2-4}$$

3. 初相位

正弦交流量表达式中的 $(\omega t + \varphi)$ 称为相位,它不仅确定正弦量瞬时值的大小和方向,还能描述正弦量的变化趋势。初相位是计时起点 $t = 0$ 时的相位,即 φ,它确定了正弦量在计时起点的瞬时值,通常规定它的大小不超过 $\pm\pi$ 弧度。

与初相位相关的物理量还有相位差,即两个同频率正弦量的相位之差。同频率正弦量之间可以计算相位差。令其中一个正弦量为参考正弦量,其他正弦量的初相位比参考正弦量先达到最大值的正弦量为超前,反之为滞后。这个概念在后续学习电感和电容时再详细介绍。还有两种比较特殊的相位差,即同相($\varphi = 0$)和反相($\varphi = 180°$),在 4.1.1 小节学习放大电路时,再详细讲解这个概念。

综上所述,振幅、角频率和初相位这三个要素可以确定一个正弦量。

二、正弦量的相量表示

如果用正弦函数表示正弦量,则对于复杂的问题,分析起来并不方便,本项目介绍一种便于运算的方法——相量表示法,重点介绍相量表示法中的代数式与极坐标式。

在进行交流电路的分析与计算时,可以用相量的代数式将频率相同的正弦量进行加减运算,用极坐标式进行乘除运算。

1. 相　量

正弦交流电常用相量表示,将三角运算化成复数形式,则正弦量的加减运算可以转换为相量的加减运算。而正弦量的乘除运算可以转换为相量的极坐标的乘除运算,相量的加减和乘除运算相对正弦量的加减和乘除运算简单很多。

相量表示正弦交流电的实质是用复数表示正弦交流电。

设正弦电压为 $u(t) = U_m \sin(\omega t + \varphi)$,将正弦量的最大值 U_m 和初相位 φ 作为模和旋转角,可以写出对应的最大值相量 $\dot{U}_m = U_m \angle \varphi$,根据正弦量可以画出相应的相量图,如图 2-4 所示。

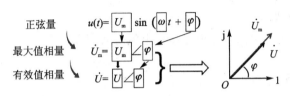

图 2-4　相量式和相量图

图中,电压最大值 U_m 是电压有效值 U 的 $\sqrt{2}$ 倍,即 $U_m = \sqrt{2}U$。

注意:相量只能表示正弦量,二者不相等。

2. 不同相量关系之间的转换

使用相量的极坐标表达式可以实现乘、除法,但是有时需要用到相量的加减法,此时极坐

标的表示法就不那么方便了,因此引入相量的代数式,则相量代数式可以表示为 $\dot{U}=a+ib$,其中 a 为实部,b 为虚部,j 为虚数,虚数的意义为 $j^2=-1$。相量的代数式与极坐标式之间可通过三角函数计算,如果已知电压相量代数式 $\dot{U}=2+j2$ V,可以通过三角函数计算出电压有效值相量的极坐标形式,为 $\dot{U}=\sqrt{2^2+2^2}\cdot\angle\arctan\dfrac{2}{2}=2\sqrt{2}\angle45°$ V,转换方法如图 2-5 所示。

这里有以下几点需要注意。

① 只有同频率的正弦量才能画在同一相量图上。

② 只有正弦量才能用相量表示。

图 2-5 不同相量表达式之间的转换方法

2.1.3 单相交流电路分析

交流电路一般是单一参数电路的组合。单一参数的交流电路是只含有一种理想无源元件 (R、C、L) 的电路。平时说的交流值,以及交流电压表和交流电流表所测得的交流值均为有效值,比如我国的民用电压 220 V 就是有效值,而这个交流电压的最大值是 $220\sqrt{2}=311$ V。

一、纯电阻元件的交流电路

1. 电压与电流的关系

如图 2-6 所示,调整电阻的值,使得电阻 $R=2$ Ω,通过读取交流电压表为 22 V,交流电流表的读数为 11 A,满足欧姆定律,即 $U=RI$。

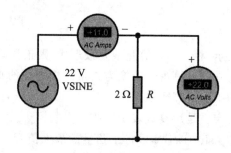

图 2-6 电阻的交流电测试仿真结果

但是对于交流电,人们所看到的数值仅仅是电阻上交流电压和电流有效值之间的关系,实际电阻的电压电流波形如图 2-7(a)所示。

由波形图,能够得出纯电阻电路的电压与电流之间存在以下关系。

① u,i 频率相同。

② 有效值满足欧姆定律:$U_R=RI$。

③ u,i 相位相同,即相位差为零,$\varphi=\varphi_u-\varphi_i=0$。

相量是矢量,既有大小,也有方向。以电阻上所加的如图 2-5 所示的电压 $\dot{U}=2.82\cdot\angle45°$ V 为例,电压相量的大小即电压有效值,电流相量的大小即电流的有效值,画出对应的相量图,如图 2-7(b)所示。

由图 2-7 不仅可以看出电压、电流相量有效值之间满足欧姆定律,也可以看出电压和电流同相。可以得出结论:电阻不能改变交流电的相位。如果将电压、电流的相量关系表示为复

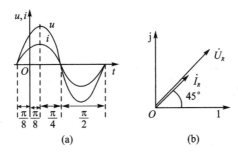

图 2 - 7　电阻的电压电流波形及相量图

数形式关系的欧姆定律,可以表示为

$$\dot{U}_R = R\dot{I} \tag{2-5}$$

2. 功率关系

① 瞬时功率 p:瞬时电压与瞬时电流的乘积为瞬时功率,单位为瓦特(简称瓦,W),计算公式为

$$p = ui \tag{2-6}$$

瞬时功率的交变频率是电压、电流的 2 倍。在交流电的分析中一般不考虑瞬时功率,后续也不进行计算。

② 平均功率 P:瞬时功率的大小都随时间变化,如果要计算单位时间内,电阻实际消耗的交流电能量,则需要计算周期内的平均功率,也称有功功率,单位为瓦特,计算公式为

$$P = UI\cos\varphi \tag{2-7}$$

式(2-7)中,φ 为电压超前电流的角度。由于电阻电压与电流同相,即 $\varphi = 0$,故电阻的有功功率 $P = UI\cos\varphi = UI = I^2R = \dfrac{U^2}{R}$。注意:通常铭牌数据或测量的功率均指有功功率。

二、纯电感元件的交流电路

1. 电压与电流的关系

当电感两端加正弦交流电压时,产生的交流电流与电压之间的关系如图 2-8(a)所示。

在交流电路中,电感"通直流阻交流",其欧姆定律为 $U = \omega LI = X_L I$。感抗是当线圈中有电流通过时,产生的感应电磁场对通过线圈中的电流抵制作用的大小,单位为欧姆(简称欧,Ω)。由于感抗 $X_L = \omega L$ 将随着频率 f 的增加而增加,所以对于直流电路,若 $f = 0$,则 $X_L = 0$,电感 L 视为短路。

对于电感,交流电压和电流有效值之间的关系为电感的欧姆定律,但是二者的关系不仅是数值上的关系,从波形图中,能够得出纯电感电路的电压与电流之间存在以下关系。

① u,i 频率相同。

② 有效值形式:$U_L = X_L I$。

③ 电压相位超前电流相位 90°,即相位差:$\varphi = \varphi_u - \varphi_i = 90°$。

将电感的电压电流关系画出相量图,如图 2-8(b),从图中不仅可以看出电压相量有效值之间的关系,也可以看出电压超前电流 90°。

如果将电压、电流的相量关系表示为复数形式的欧姆定律,可以表示

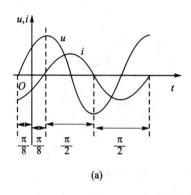

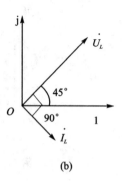

图 2 - 8　电感的电压电流波形及相量图

$$\dot{U}_L = \mathrm{j}\omega L\dot{I} = \mathrm{j}X_L\dot{I} \qquad (2-8)$$

2. 功率关系

① 有功功率 P：对于纯电感，$\varphi=90°$，通过公式（2-7）可以算出有功功率 $P=UI\cos\varphi=UI\times0=0$。由于纯电感的瞬时功率正、负相抵消，即纯电感不消耗电能。

② 无功功率 Q：无功功率用以衡量电感电路中电源与电感之间能量交换的规模，单位为乏（Var），计算公式为

$$Q = UI\sin\varphi \qquad (2-9)$$

将 $\varphi=90°$ 代入公式（2-9）可以算出，无功功率 $Q=UI\sin\varphi=UI=I^2X_L=\dfrac{U^2}{X_L}$。

三、纯电容元件的交流电路

1. 电压与电流的关系

当电容两端加正弦交流电压时，产生的交流电流与电压之间的关系如图 2-9(a) 所示。

在交流电路中，电容的欧姆定律为 $U_C=\dfrac{1}{\omega C}\times I=X_C I$。容抗代表了电容器极板上所带电荷对定向移动的电荷的阻碍作用，单位为欧姆（简称欧，Ω）。对于直流电路，因 $f=0$，则 $X_C=\dfrac{1}{\omega C}\rightarrow\infty$，电容 C 视为开路，符合电容"隔直流阻交流"的特点；对于交流电路，容抗 X_C 将随着频率 f 的增加而减小。

对于电容，交流电压和电流有效值之间的关系为电容的欧姆定律，但是二者的关系不仅是数值上的关系，从波形图上，能够得出纯电容电路的电压与电流之间存在以下关系。

① u，i 频率相同。

② 有效值形式：$U_C=X_C I$。

③ 电流相位超前电压相位 $90°$，即电压滞后电流 $90°$，有 $\varphi=\varphi_u-\varphi_i=-90°$。

将电容的电压电流关系画出相量图，如图 2-9(b)，由图不仅可以看出电压与电流有效值之间的关系，也可以看出电压相量上滞后电流 $90°$。

如果将电压、电流的相量关系表示为复数形式的欧姆定律，可以表示为

$$\dot{U}_C = \frac{1}{\mathrm{j}\omega C}\dot{I} = -\mathrm{j}\frac{1}{\omega C}\dot{I} \qquad (2-10)$$

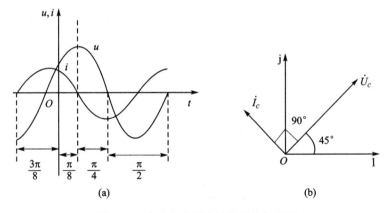

图 2-9 电容的电压电流波形及相量图

2. 功率关系

① 有功功率 P：对于纯电容，$\varphi = -90°$，通过公式(2-7)可以算出，有功功率 $P = UI\cos\varphi = UI \times 0 = 0$。由于纯电容的瞬时功率正、负相抵消，即纯电容不消耗电能。

② 无功功率 Q：将 $\varphi = -90°$ 代入公式(2-9)可以算出，无功功率 $Q = UI\sin\varphi = -UI = -I^2 X_C = -\dfrac{U^2}{X_C}$。

为便于比较 R、L、C 单一参数交流电路电压、电流关系，以单一元件所加的图2-5所示的 $\dot{U} = 2.82\angle 45°$ 电压为参考，将三种电路的主要结论做总结，如表2-1所列。

表 2-1 单一参数元件的相量关系

电路参数	阻抗	电压电流关系			
		相量关系	有效值关系	电压电流波形	电压电流相量图
R	R	$\dot{U}_R = R\dot{I}$	$U_R = RI$		
L	X_L	$\dot{U}_L = j\omega L\dot{I}$	$U_L = X_L I$		

电路参数	阻抗	电压电流关系			
		相量关系	有效值关系	电压电流波形	电压电流相量图
C	X_C	$\dot{U}_C = \dfrac{1}{j\omega C}\dot{I}$ $= -j\dfrac{1}{\omega C}\dot{I}$	$U_C = X_C I$	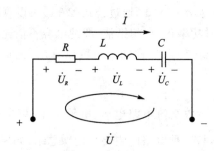	

四、RLC 串联的交流电路

电阻、电容和电感的串联电路如图 2 - 10 所示。

图 2 - 10 RLC 串联电路

沿顺时针的方向,使用基尔霍夫电压定律,则端口处的电压公式和展开后的公式分别为

$$\dot{U} = \dot{U}_R + \dot{U}_L + \dot{U}_C = \dot{U}_R + \dot{U}_X \tag{2-11}$$

$$\dot{U} = \left(R + j\omega L - j\frac{1}{\omega C}\right)\dot{I} = [R + j(X_L - X_C)]\dot{I} = Z\dot{I} \tag{2-12}$$

式中,Z 为串联电路的复阻抗,单位为欧(Ω)。

由于复阻抗是复数,可以表示成代数式,也可以表示成极坐标式(见式(2-13)),几个参数的关系如图 2 - 11 所示。

$$Z = R + j(X_L - X_C) = |z| \angle \varphi \tag{2-13}$$

式(2-13)中,$|z| = \sqrt{R^2 + (X_L - X_C)^2}$,且 $\varphi = \arctan \dfrac{X_L - X_C}{R}$。图 2 - 11(a)所示为阻抗三角形,结合公式(2-12)分析,阻抗用极坐标表示时,斜直线箭头长度表示的是阻抗的模,而 φ 表示的是阻抗角。若将阻抗用代数式表示,则三角形横边长度表示该阻抗的实部,而三角形纵边长度表示该阻抗的虚部。阻抗三角形的三条边都不是相量,所以说是非相量三角形。

将阻抗三角形的每一条边都扩大 I(电流有效值)倍,则可以得到一个相似三角形,即电压三角形,如图 2 - 11(b)所示。由于电压三角形的三条边都是相量的大小,所以是相量三角形。电压三角形和阻抗三角形都是直角三角形,且有一个锐角相等,它们是相似三角形。对图 2 - 10 列出基尔霍夫定律,可得到公式(2-11),电阻的电压相量 $\dot{U}_R$ 在实轴上,电感和电容相加后的电压相量 $\dot{U}_X$ 在虚轴上,总电压 $\dot{U}$ 的相量为二者相量的和。

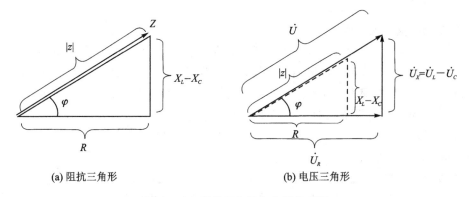

(a) 阻抗三角形　　　　　　　(b) 电压三角形

图 2－11　阻抗三角形与电压三角形

通过阻抗角 φ，可以判断电路的性质，如果 $0°<\varphi<90°$，说明电压的相位超前电流的相位，电路呈电感性，$X_L>X_C$；如果 $-90°<\varphi<0°$，说明电压的相位滞后电流的相位，电路呈电容性，$X_C>X_L$；而当 $\varphi=0°$ 时，则电压与电流相同，电路呈电阻性，$X_L=X_C$，电阻性是 RLC 串联时的特殊情况。

图 2－12 所示的 RLC 串联电路中，$R=2\ \Omega$，调整 $L=31.8\ \text{mH}$，$C=0.31\ \text{mF}$，从图 2－12(a) 中看交流电流表的读数，发现 L、C 上的电压远远高于电阻电压（电阻电压＝总电压），这种现象为称为共振。

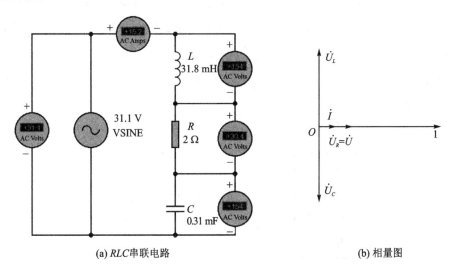

(a) RLC串联电路　　　　　　　(b) 相量图

图 2－12　RLC 串联电路及相量图

RLC 串联电路中产生的谐振为串联谐振，其特点是电路呈纯电阻性，端电压和总电流同相，此时阻抗最小，电流最大，在电感和电容上可能产生比电源电压大很多倍的高电压。所以天线回路中，会利用这种现象将小信号放大，而高电压所在的电力系统中，则需要避免出现这种现象。

五、功率因数的提高

1. 功率因数的概念

功率因数是衡量电气设备效率高低的一个系数，定义为交流电路中有功功率与视在功率的比值，即 $\cos \varphi$，通常用字母 λ 表示。

2. 功率因数提高的必要性

在生产和生活中使用的电气设备大多属于感性负载，它们的功率因数较低，这样会导致发电设备容量不能完全充分利用且增加输电线路上的损耗。功率因数低，设备利用率就低，会增加线路的电压降和供电损失。功率因数提高后，发电设备就可以少发无功负载而多发送有功负载，同时还可减少供电设备上的损耗，节约电能。

3. 提高功率因数的好处

提高功率因数的好处有：

① 可以提高发电、供电设备的能力，使设备得到充分的利用；

② 可以提高用户设备（如变压器等）的利用率，节省供用电设备投资，挖掘原有设备的潜力；

③ 可以降低电力系统的电压损失，减少电压波动，改善电压质量；

④ 可减少输、变、配电设备中的电流，从而降低电能输送过程的电能损耗；

⑤ 可减少企业电费开支，降低生产成本。

4. 提高功率因数的方法

工程实际中，并不要求用户将功率因数提高到 1，因为这样做将大大增加电容设备的投资，带来的经济效果也并不显著。一般情况下，供电部门要求用户将功率因数调整在 $0.85 \sim 0.9$ 范围内。在电感性负载的两端并联一个合适的电容，可以提高负载端的功率因数，如图 2-13(a)所示，对应的相量图如图 2-13(b)所示。并联电容之前，总电流 $\dot{I}$ 就是 RL 串联支路的电流 $\dot{I}_1$，端口电压 $\dot{U}$ 超前端口电流 $\dot{I}_1$ 的角度为 φ_1。并联电容后，由基尔霍夫电流定律可知，电容电流 $\dot{I}_C$ 和 RL 串联支路的电流 $\dot{I}_1$ 相加得到端口电流 $\dot{I}$，此时，端口电压 $\dot{U}$ 超前端口电流 $\dot{I}$ 的角度为 φ。

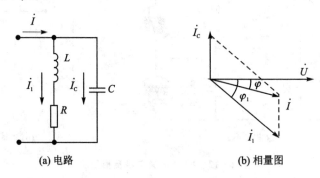

(a) 电路   (b) 相量图

图 2-13　功率因数的提高

2.1.4　三相交流电路分析

一、三相交流电

三相交流电由三个频率相同、大小相同、相位互差 120° 的交流电组成，其波形和相量如图 2-14 所示。由三相交流电源供电的电路称为三相交流电路。

三相交流电压的瞬时值表达式为

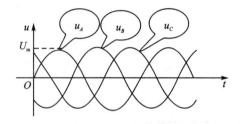

(a) 三相交流电压波形图   (b) 三相交流电压相量图

图 2 - 14   三相交流电路

$$\begin{cases} u_A = U_m \sin\omega t \\ u_B = U_m \sin(\omega t - 120°) \\ u_C = U_m \sin(\omega t + 120°) \end{cases} \quad (2-14)$$

其相量表达式为

$$\begin{cases} \dot{U}_A = U_m \angle 0° \\ \dot{U}_B = U_m \angle -120° \\ \dot{U}_C = U_m \angle 120° \end{cases} \quad (2-15)$$

目前世界上电力系统的供电方式,绝大多数为三相四线制,由三根火线和一根零线组成,将三相电源的尾端接在一起,称作中性点,由首端引出的导线称为火线,火线(LIVE,一般标记 L)一般为红色,由中性点引出的导线称为零线,常称为中性线(NEUTRAL,一般标记 N)一般为蓝色。三相四线制的连接方式如图 2 - 15 所示。

二、三相电源的连接

1. 三相电源的星形连接

将三个电压源的末端相连,再从三个首端引出三根端线 A、B、C,构成 Y 形连接,如图 2 - 16 所示。

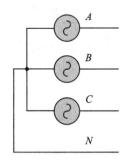

图 2 - 15   三相四线制连接方式

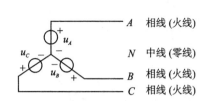

图 2 - 16   三相电源星形连接

相电压:相线与中线间的电压分别为 u_{AN}、u_{BN}、u_{CN},如图 2 - 17(a)所示。

线电压:相线间的电压分别为 u_{AB}、u_{BC}、u_{CA},如图 2 - 17(b)所示。

相电压可以表示为

$$u_A = u_{AN} \quad u_B = u_{BN} \quad u_C = u_{CN} \quad (2-16)$$

线电压可以表示为

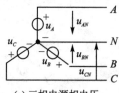

(a) 三相电源相电压

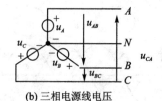

(b) 三相电源线电压

图 2-17 三相电源星形连接的线电压与相电压

$$u_{AB} = u_A - u_B \quad u_{BC} = u_B - u_C \quad u_{CA} = u_C - u_A \qquad (2-17)$$

线电压和相电压的关系为

$$\begin{cases} \dot{U}_{AB} = \dot{U}_A - \dot{U}_B = \dot{U}_A + (-\dot{U}_B) = \sqrt{3}\dot{U}_A \angle 30° \\ \dot{U}_{BC} = \dot{U}_B - \dot{U}_C = \dot{U}_B + (-\dot{U}_C) = \sqrt{3}\dot{U}_B \angle 30° \\ \dot{U}_{CA} = \dot{U}_C - \dot{U}_A = \dot{U}_C + (-\dot{U}_A) = \sqrt{3}\dot{U}_C \angle 30° \end{cases} \qquad (2-18)$$

以 $\dot{U}_A$ 和 $\dot{U}_{AB}$ 为例,两者关系的相量图见图 2-18。

在我国低压配电系统中,规定相电压 U_p 为 220 V,线电压 U_l 为 380 V。

结论:当三个相电压对称时,三个线电压有效值相等且为相电压的 $\sqrt{3}$ 倍;相位上,线电压比相应的相电压超前 30°,即 $\dot{U}_l = \sqrt{3}\dot{U}_P \angle 30°$。

2. 三相电源的三角形连接

三角形连接,是把三相电源的始端与末端顺次连成一个闭合回路,再从两两的连接点引出端线,如图 2-19 所示。

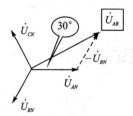

图 2-18 相电压和线电压的相量图

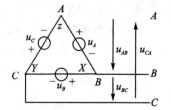

图 2-19 三相电源的三角形连接

线电压与相电压的关系为

$$\dot{U}_{AB} = \dot{U}_A \quad \dot{U}_{BC} = \dot{U}_B \quad \dot{U}_{CA} = \dot{U}_C \qquad (2-19)$$

可以得出结论

$$\dot{U}_l = \dot{U}_p \qquad (2-20)$$

注意:三角形连接时,不能将某相接反,否则三相电源回路内的电压会达到相电压的 2 倍,导致电流过大,烧坏电源绕组,在大容量的三相交流发电机中很少采用三角形连接方式,图 2-20 为三角形联接 U_A 接反图,调换正负极后,三相的连接为首尾连接才正确。

三、三相负载的连接

我国的线电压为 380 V,相电压为 220 V。三相负载连接原则如下。

① 电源提供的电压＝负载的额定电压;

② 单相负载尽量均衡地分配到三相电源上。

图 2－21 所示接法为负载的星形连接,采用三相四线制连接。

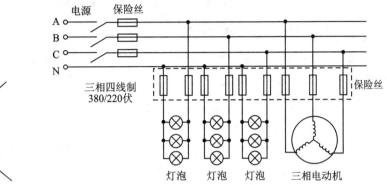

图 2－20　三角形连接某相接反图　　图 2－21　采用三相四线制的负载星形连接

任务实施

1. RL 串联电路的仿真

① 用"PROTEUS"软件画出图 2－22 所示电路,将总电压的频率设为 50 Hz,电感设为 6.37 mH,则感抗为_____ Ω。电阻设为 2 Ω,根据图中总电压有效值为 31.1 V,其峰值为 _____ V。

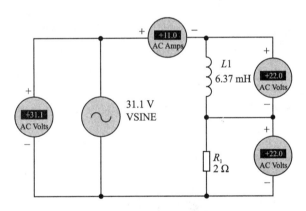

图 2－22　RL 串联电路图

② 观察图 2－22 中的 3 块交流电压表和 1 块交流电流表的读数,将数据填入表 2－2。

表 2－2　RL 串联电路参数

参数	$U_总/V$	U_L/V	U_R/V	$I_总/A$
测量值				
计算值				

③ 图 2－23 中已经将 $\dot{U}_总$ 设为参考相量,请画出该电路中电感、电阻的电压相量,以及总电流的相量。

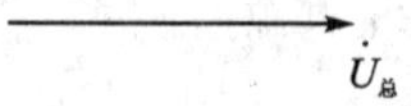

$\dot{U}_B$

图 2 – 23 *RL* 串联电路的相量图

2. 三相电路电压的仿真测试

① 在 Proteus 软件搜索栏中搜索"V3PHASE",找到三相电源 ，将三相电源电压的峰值调为 311 V/50 Hz,电压调试界面如图 2 – 24 所示。

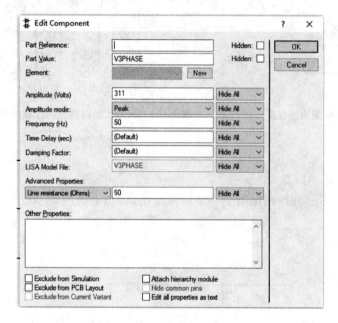

图 2 – 24 三相电压电压调试界面

② 按照图 2 – 25 画出三相四线制电路,用交流电压表分别测量各线电压和相电压,将测试结果填入表 2 – 3。

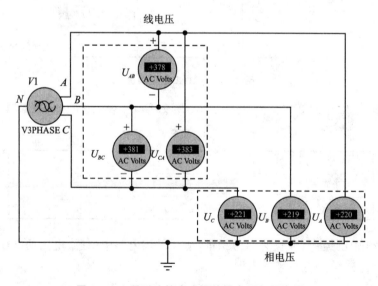

图 2 – 25 星形连接方式下的线电压与相电压

表 2 - 3　星形连接方式下的线电压与相电压的测试

电压名称	U_{AB}/V	U_{BC}/V	U_{CA}/V	U_{AN}/V	U_{BN}/V	U_{CN}/V
测量值						

③ 以 u_{BN} 和 u_{BC} 为例,由表 2 - 3 中数据可得线电压和相电压的大小关系为 U_{BC} = _____ U_{BN}。

学习任务 2.2　客厅供电和用电设备及其选型

任务引入

家庭电路由进户线、电度表、空气开关、保险盒、开关、电灯、插座、导线等组成。在设计客厅供电线路的过程中,需要考虑负载的情况,空气开关所能承受的电流值有限,如果家用电器中有大负载,则需要根据负载的额定值,规划好电器的使用,以免跳闸。

客厅用电设备安装和连接之前,需要断电检测每个元器件的好坏,检测空气开关、明装或暗装开关、明装或暗装插座等。在本节内容中,学生不仅会学习用电设备的铭牌识读,也会学习空气开关、开关,以及插座的选型和检测。

学习目标

① 掌握空气开关、开关以及插座的选择方法;
② 掌握空调、节能灯、白炽灯以及导线的选择方法;
③ 掌握用电设备的检测方法。

任务必备知识

2.2.1　常用客厅电气设备及其选型

家用电器产品投放市场后,固定在产品上向用户提供厂家的商标识别、品牌区分,产品参数铭记等信息的铭牌。家用电器铭牌上记载了生产厂家及额定工作情况下的一些技术数据,以供用户正确使用而不致损坏设备。

一、电能表

电能表是用来测量电能的仪表,又称电度表、火表、千瓦小时表,是测量用户消耗的电能(电功)的仪表。电能表安装在家庭电路的干路上,通过前后两次读数之差,可以判断消耗了多少电能,家里交的电费,就是通过读取电能表的数据进行判断。

电能表应安装在室内,电能表的底板应固定安装在坚固耐火的墙上,建议安装高度为 1.8 m,其符号及其外观结构以及参数意义如图 2 - 26 所示。

电能表计度器窗口示数中,左四位为整数位,右一位为小数位,窗口示数为实际用电数。

家庭入户的电能表一般都是建筑方统一安装,不需要自己选型。

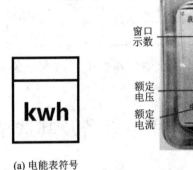

(a) 电能表符号　　　　　　　　　(b) 电能表外观

图 2-26　电能表

二、空气开关

1. 空气开关符号及外观

空气开关(简称空开,俗称断路器),是一种只要电路中电流超过额定电流就会自动断开的开关。空气开关能够对电路或电气设备发生的短路、严重过载及欠电压等进行保护。其符号和外观结构如图 2-27 所示。

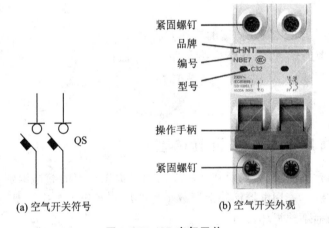

(a) 空气开关符号　　　　　　　　(b) 空气开关外观

图 2-27　2P 空气开关

2. 空气开关组成及工作原理

空气开关由操作机构、触点、保护装置(各种脱扣器)、灭弧系统等组成,如图 2-28 所示。

空气开关的主触点是靠手动操作或电动合闸的,主触点闭合后,自由脱扣机构将主触点锁在合闸位置上。过流脱扣器的线圈和热脱扣器的热元件与主电路串联,欠压脱扣器的线圈和电源并联。当电路发生短路或严重过载时,过流脱扣器的衔铁吸合,使自由脱扣机构动作,主触点断开主电路。当电路过载时,热脱扣器的热元件发热使双金属片上弯曲,推动自由脱扣机构动作。当电路欠电压时,欠压脱扣器的衔铁释放,也使自由脱扣机构动作。

3. 空气开关的种类

空气开关按极数(P)分 1P、2P、3P、4P 四种,家庭常用 1P 和 2P 的空气开关,适用于照明或小功率的 220 V 电器,3P、4P 的空气开关,适用于 380 V 的电器。本项目只介绍家用空气开

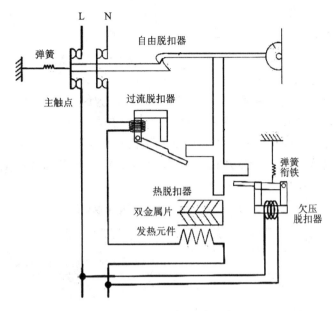

图 2-28　空气开关组成

关,如图 2-29 所示。

　　① 1P:接线头只有一个,只能断开一根相线,适用于控制一相火线,如图 2-29(a)所示。

　　② 2P:接线头有两个,一个接相线一个接零线,适用于控制一相一零,如图 2-29(b)所示。

　　如果电路要进行级别更高的保护,需要采用漏电保护器,简称漏保。漏电保护器的主要作用是设备发生漏电故障时快速切断电源,防止漏电引发各种事故。比普通空开多了一个有漏电保护功能的模块,不仅电流过大会跳闸,漏电也会跳闸。漏电是由于绝缘损坏或其他原因而引起的电流泄漏。在电气使用的过程中监测火线和零线的电流大小,当二者大小不相同时,说明发生漏电,要立刻断电保证人身安全。有的空气开关上有标着"每月按一次"的按钮,用于定期测试漏保的好坏。

　　需要注意的是,有的漏保为"左零右火",有的为"左火右零",不同品牌及相同品牌不同型号的火、零线的位置也可能会不一样。图 2-30 所示为正泰两种不同型号的 1P+N 漏保。

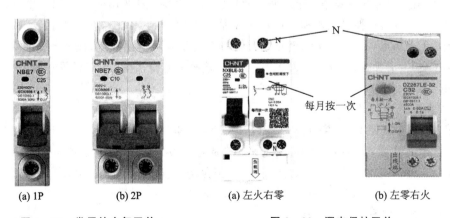

　　(a) 1P　　　　(b) 2P　　　　　　(a) 左火右零　　　　(b) 左零右火

图 2-29　常用的空气开关　　　　**图 2-30　漏电保护开关**

4. 空气开关的参数及选型

（1）空气开关的参数

空气开关的主要参数有额定电压、额定电流、过载保护和短路保护的脱扣电流整定范围、额定短路分断电流等。

额定电压和额定电流是最主要的参数，以正泰 NBE7 为例，主要技术参数如表 2-4 所列。

① 额定电压：断路器在正常（不间断的）的情况下工作的电压。

② 额定电流：制造厂家规定的环境温度下所能长期承受的最大电流值，不会超过电流承受部件规定的温度限值。从空气开关的型号可以看出其额定电流的大小，比如型号为 C10 的空气开关，其额定电流为 10 A。

表 2-4 空气开关的主要技术参数

参数名称	参 数	参数名称	参 数
品牌	正泰	名称	小型断路器空气开关
规格	NBE7	级数	2P
额定电流	32 A	额定电压	220 V

（2）空气开关的选型

虽然回路用 1P（火线进，火线出）和 2P（火线和零线分别进、出）都可以，但是使用 2P 的空气开关更加安全。比如用 C10 空气开关，一般根据负载的额定电流计算，将空气开关所控制的负载额定电流相加，即该空气开关通断的总电流。比如，当电线中电流达到 10 A 时，空气开关就跳闸了，所以理论上应当保证空气开关的额定电流大于其所控制负载额定电流的总和。

1）总空气开关

总空气开关的额定电流要稍小于总电线的安全载流。对于 100 m² 左右的住房，我国规定的用电负荷是 8 kW。根据功率计算公式，总电流 $I = P/U = 8\ 000\ W/220\ V \approx 36\ A$，则选择额定电流 40 A 的空气开关，也可以选择额定电流为 50 A 或者 63 A 的空气开关，即 C50 或者是 C63 的 2P 空气开关。

2）空调空气开关

由于空调属于大功率负载，需要单独使用空气开关，一般选用带漏电保护功能的空气开关。对于卧室空调，按照额定功率 3 000 W 来估算，电流 $I = P/U = 3\ 000\ W/220\ V \approx 13.6\ A$，所以选择 16 A 漏电保护器，即 C16 的 2P 漏保；而对于客厅空调插座，按照额定功率 4 000 W 来估算，电流 $I = P/U = 4\ 000\ W/220\ V = 18\ A$，选择额定电流为 20 A 的漏电保护空气开关，即 C20 的 2P 漏保空气开关。

3）照明回路空气开关

所有的照明共同使用一个空气开关，空气开关的额定电流略大于客厅所有照明灯的额定电流总和。一般而言，家里所有的照明用电量加起来不会超过 1 000 W，电流 $I = P/U = 1\ 000\ W/220\ V = 4.5\ A$，可以选择额定电流为 10 A 的空气开关，但是电工更多选择额定电流为 16 A 的空气开关，对于 C16 的 1P 空开和 2P 的空气开关，2P 的空气开关更加安全。

4）插座空气开关

一般选择带漏电保护的空气开关。对于电热水器插座，电热水器的用电量估算为 3 500 W，

电流 $I = P/U = 3\,500$ W$/220$ V≈ 16 A,选择额定电流为 20 A 的漏电保护空气开关,即 C20 的 2P 空气开关。

三、开关和插座

开关和插座都有明装和暗装两种安装方式,本项目主要介绍明装的开关和插座。

1. 开　关

开关是指一个可以使电路开路、使电流中断或使其流到其他电路的电子元件。通过控制一条回路的通断,接通或断开用电设备。开关和用电器串联,用于控制用电器。如果开关被短路,则开关无法再继续控制,而用电器会一直工作。

（1）开关的符号

图 2−31(a)所示为单控开关符号,图 2−31(b)所示为双控开关符号。二者从正面看是一样的,其区别在于,从接线端子看,单控开关每一个按键可以接两条线,而双控开关每个按键可以接三条线。

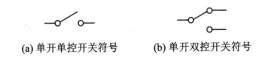

(a) 单开单控开关符号　　　(b) 单开双控开关符号

图 2−31　单开和双开开关符号

（2）开关的接线方式

开关有明装和暗装两种方式,本项目介绍明装开关的接线。图 2−32(a)所示为单开开关的面板正面,图 2−32(b)所示为单开开关的面板背面。单开开关有单控和双控两种方式,二者从开关的正面看是一样的,其区别在于,单控开关的每一个按键可以接两条线,而双控开关的每一个按键可以接三条线。

在功能上,单控开关面板在一个地方控制一盏灯,而双控开关面板可以实现在两个地方控制一盏灯。

单控开关有两个接线柱,将进线接入 L,出线接 L_1 即可。双控开关的底座共有三个接线柱,将进线接入 L,出线接 L_1 或 L_2(具体的接法视使用习惯而定)。在按动开关按钮时,通过接通或断开线路,实现电路的接通或断开。在照明电路中,为了安全用电,开关要接在火线上,然后再与照明灯串联。

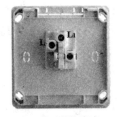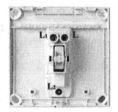

(a) 面板正面　　　　(b) 面板背面　　　　(c) 单开单控底座　　　　(d) 单开双控底座

图 2−32　明装开关

双开开关是一个面板上有两个开关功能的模块,可分别控制两个用电设备。双开双控开关盖板正面和底座如图 2−33 所示。

(a) 盖板正面　　　　　　　(b) 底座

图 2-33　明装双开双控开关

面板上可以控制三个回路的开关,称为三开开关。市面上还有四开、五开开关等。

（3）开关的选型

① 由于暗装开关需要在墙面预先开洞,所以优先考虑使用开关的接线方式,即明装还是暗装。

② 进一步根据所要控制的照明灯是需要在一处控制还是两处都可以控制,来决定使用单开还是双开的方式。

③ 最后根据需要控制的照明回路数量,决定用哪种开关。

2. 插　座

插座,又称电源插座、开关插座。插座是指有一个或一个以上电路接线可插入的座,通过它可插入各种接线。通过线路与铜件之间的连接与断开,来达到该部分电路的接通与断开,给家用电器供电。

（1）插座的接线方式

常用的插座有两孔插座、三孔插座,以及五孔插座。

1）两孔插座

两孔插座主要针对小功率的电器设备,电器设备的两脚插头不分火线和零线,但是安装插座时,规定左插孔为零线,右插孔为火线,其外壳和底座如图 2-34 所示。

2）三孔插座

家庭用的大功率电器外壳很多是金属的,如冰箱、微波炉等,需要接地以排除安全隐患,用三脚插头插入三孔插座,如图 2-35（a）所示,三脚插头分火线、零线和地线,如图 2-35（b）所示,其中地线需要可靠接地。大功率用电器连接时,用电部分连入电路的同时,也把用电器的金属外壳与大地连接起来,避免外壳带电引起触电事故。

(a) 三脚插头　　　　　　(b) 三孔插座

图 2-34　两孔插座　　　　　　图 2-35　三脚插头及三孔插座

家庭用电系统都配有地线,地线把有可能带电金属壳上的电引到大地中,以免发生触电事故。接地线主要是为了防止漏电伤人。采取保护接地后,接地电流有两条途径流过:接地体与人体。由于人体电阻比保护接地的地线电阻大得多,所以流过人体的电流 I_2 就很小,绝大部分电流 I_1 从接地体流过,从而可以避免或减轻触电的伤害。接地保护示意图和电路模型如图 2-36 所示。

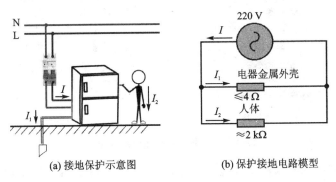

(a) 接地保护示意图　　　　(b) 保护接地电路模型

图 2-36　存在接地保护的漏电情况

3)五孔插座

五孔插座和三孔插座的接线端子都一样,分别为火线、零线和地线。明装的插座底座如图 2-37(a)所示,明装的底座通过螺丝钉固定在墙上,图 2-37(b)所示为五孔插座的底座。接线时,按照接线端子旁边标注的字母接线。因为盖板直接盖在底座上,所以火线和零线的位置与盖板正面一致。

五孔插座的下端为三脚插孔,对应家用电器的三脚插头,家用电器的地线是将电器的金属外壳接参考电位为零的导线,以防电器因内部绝缘破坏使外壳带电而引起触电事故。因此,目前带开关的五孔插座使用比较广泛,图 2-38(a)所示为带开关的五孔插座盖板正面,图 2-38(b)所示为底座。由于明装插座的接线端在底座正面,接好线后,直接盖上盖板即可使用。

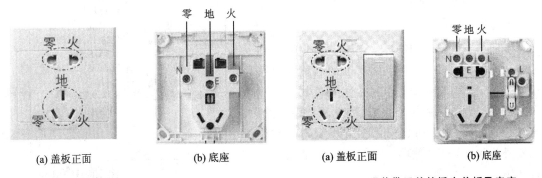

(a) 盖板正面　　　　(b) 底座

图 2-37　明装五孔插座的盖板正面及底座

(a) 盖板正面　　　　(b) 底座

图 2-38　明装带开关的插座盖板及底座

插座自带的开关可以控制单独一个回路,插座正常供电,接线方式如图 2-39(a)所示。但是很多时候为了省去插拔插头的过程,将插座自带的开关用于控制插座供电,当开关断开时,两个插座都没有电,接线方式如图 2-39(b)所示。

(2)插座的选型

① 由于暗装插座需要在墙面预先开洞,所以优先考虑使用明装还是暗装的插座。

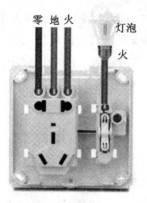

(a) 开关控制灯   (b) 开关控制插座

图 2-39 带开关的插座两种接法

② 五孔插座可以同时给两个电器的供电,上边的两个插孔可以给小功率电器供电(不分火零线,最大额定电流不会大于 10 A,不容易发生漏电、触电事故)。下边的三孔可以给大功率电器供电(需要区分火零线,需要接地线)。

③ 如果插座需要用开关控制,则选择带开关的插座。

④ 如果需要一个插座盒既可以给电器供电,也可以单独控制一个照明回路,则选择带开关的插座。

2.2.2 常用客厅用电设备及其选型

客厅供电线路中,所有的用电设备都为并联,在电路中消耗电能的装置叫用电器(也叫负载)。负载是将电能转换为其他能量的器件,常用的负载大体上分为阻性、感性和容性三类。

一、空 调

本项目以型号为 KFR-32W/FNhB01-A3 的格力空调铭牌举例,各空调厂家的名称标志繁多,一般从空调铭牌的字母和数字等参数中可以了解到该空调的一些核心参数,如空调功率匹数、定频还是变频、制冷剂及充注量、能效比等。空调的室外机和室内机一般要匹配,否则容易出现通信故障。

1. 空调的铭牌

以格力空调的室外机铭牌为例,图 2-40 所示的挂式空调室外机字母含义如表 2-5 所列。

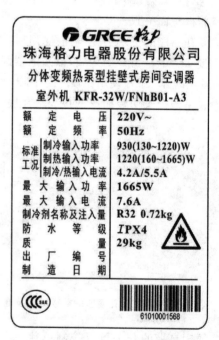

珠海格力电器股份有限公司	
分体变频热泵型挂壁式房间空调器	
室外机 KFR-32W/FNhB01-A3	
额 定 电 压	220V~
额 定 频 率	50Hz
标准工况 制冷输入功率	930(130~1220)W
制热输入功率	1220(160~1665)W
制冷/热输入电流	4.2A/5.5A
最 大 输 入 功 率	1665W
最 大 输 入 电 流	7.6A
制冷剂名称及注入量	R32 0.72kg
防 水 等 级	IPX4
质 量	29kg
出 厂 编 号	
制 造 日 期	
61010001568	

图 2-40 挂式空调室外机的铭牌

表 2－5　空调型号字母含义表

字　母	含　义	备　注
K	空调	
F	分体	
R	制热	若 F 后无字幕，则为仅能制冷
32	额定制冷功率	额定制冷功率 32×100＝3 200 W（约小 1.5 匹）
F	负离子	
NhB01	变频系列	
A3	设计序号	

2．空调参数

（1）额定电压

额定电压是电气设备（包括用电设备、供电设备）长期稳定工作的标准电压。用电设备的额定电压表示设备出厂时设计的最佳输入电压，这里的 220 V 指的是交流电的有效值。

（2）额定频率

额定频率是指在交变电流电路中 1 s 内交流电所允许而必须变化的周期数，我国的工业频率为 50 Hz。

（3）额定功率

额定功率是指该电器在正常工作时的功率。对于既能制冷，又能制热的空调，其两种工作状态所消耗的功率不同。

（4）制冷/制热输入功率

空调制冷时输入功率和制热时输入功率是差不多的。之所以制热功率比制冷大，是因为制热时有电辅加热。

空调的功率有两个概念，一个是输入功率，就是消耗电能的功率；另一个是输出功率，就是消耗了电能以后获得的制冷量和制热量，二者间的差异就是热泵的效率，即能效比＝输出功率/输入功率。

（5）制冷/制热输入电流

输入电流是由电源向设备输入的电流。

（6）制冷剂名称及注入量

该款机型充注的制冷剂是 R32 制冷剂，充注量为 0.72 kg。

3．空调的选型

表 2－6 所列为空调功率和对应面积的对应关系，表中面积相同的情况可能对应不同功率，根据对温度的需求不同进行选择。针对本项目 30 m² 的房间，选择额定功率为 4 kW 的空调。

表 2-6　空调功率的选择标准

空调制冷功率/W	适用面积/m²	空调制冷功率/W	适用面积/m²
2 200	10～15	4 500～4 700	35～45
2 400～2 500	13～18	5 200～5 500	38～50
2 600～2 800	15～22	5 800～6 000	45～60
2 900～3 200	20～28	6 900～7 200	50～70
3 500～3 700	22～30	7 500～7 600	60～70
4 000～4 300	25～33	9 200～9 500	70～80

二、节能灯

1. 节能灯的铭牌

节能灯,又称为省电灯泡,由 LED 灯即半导体发光二极管照明。LED 日光灯是用高亮度白色发光二极管作为发光源,光效高、耗电少,寿命长,比普通管形日光灯省电。以飞利浦吸顶灯为例,其铭牌如图 2-41(a)所示,灯管如图 2-41(b)所示。

(a) LED灯铭牌及镇流器

(b) 节能灯的一个灯管

图 2-41　节能灯的铭牌及内部结构

图 2-41(a)所示的飞利浦吸顶灯型号为 EB-C 122TLSC LP,人们一般最关注额定电压和额定功率。照明系数与灯的亮度相关,一般灯的照明系数越高灯越亮。由于本项目中的灯管采用 28 W 和 38 W 的 2 个灯管,所以额定功率表示为 28 W＋38 W＝66 W。功率因数为 $\cos\varphi = 0.95 < 1$。一般的家庭用电设备都属于电感性负载,家庭不需要考虑并联电容,小区会统一进行电容补偿,提高功率因数。

2. 节能灯的选型

每个人的照明需求不一致,客厅的灯光搭配方案很多,所以在进行节能灯选型时,需要考虑很多因素。表 2-7 所列为节能灯功率和光通量的对应关系。客厅光通量一般为 300 lm 即可,对于 30 m² 客厅,LED 灯的总功率为 22 W 比较合适。

表 2-7　LED 灯与光通量对应关系

功率/W	光通量/lm	功率/W	光通量/lm
6	576	16	1 584
8	792	18	1 728

续表 2-7

功率/W	光通量/lm	功率/W	光通量/lm
10	936	20	2 016
11	1 044	22	2 304
12	1 296	50	2 880

三、白炽灯

白炽灯是将灯丝通电加热到白炽状态,利用热辐射发出可见光的电光源。白炽灯的光色和集光性能很好,但是光效低。接线时,需要拉火线。一般白炽灯的铭牌直接印在灯泡上,如图 2-42 所示。

图 2-42 白炽灯铭牌

由白炽灯灯泡的铭牌可以看出,该灯的额定电压为 220 V,额定功率为 40 W。

四、导 线

1. 导线的颜色

由于火线、零线和地线需要严格区分,方便检查线路,所以需要规定导线的颜色。一般规定火线为红色(或棕色),中线(零线)为黑线(或蓝色),接地线为黄/绿复色线(避免使用单独的绿色与黄色线)。

2. 导线的规格

每一种导线截面按其允许的发热条件,都对应着一个允许的载流量。通过计算导线横截面的方式选择比较复杂,一般的导线的粗细选择可参考表 2-8 所列。

表 2-8 导线的线径

线径/mm²	电流/A
1	5
1.5	10
2.5	20
4	25
6	30

3. 导线的选型

首先明确导线用于火线、零线还是地线,确定导线的颜色,其次根据导线所接设备的额定电流,确定导线的线径。一般多股金属丝的导线比较软,而单根的导线为硬导线,本项目选择硬导线接线。

2.2.3 供电设备的检测

一、空气开关的功能检测

① 对照图 2-43 所示的 2P 空气开关的符号和外观,检测进线 L 和出线 L 对应的端子上的螺钉,以及 N 端的进出线螺钉。

② 将万用表调至蜂鸣挡,两个表笔分别接触进线 L 和出线 L 对应的端子上的螺钉;将空气开关的手柄推上去(闭合空气开关),蜂鸣器响,而手柄扳下来(断开空气开关),蜂鸣器不响。N 端的检测方法和结果与 L 端相同。

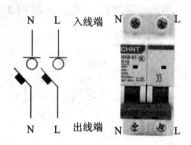

图 2-43 2P 空气开关符号及外观

二、开关的功能检测

1. 单控开关

对于单控开关,打开开关盖板,将万用表调至蜂鸣挡,万用表的两个表笔分别接触开关的两个接线端的螺钉 L 和 L_1,如图 2-44(a)所示。当开关闭合时,听到蜂鸣器响,而当开关打开时,蜂鸣器不响,说明开关正常。

2. 双控开关

对于双控开关,打开开关盖板,如图 2-44(b)所示。

① 将万用表调至蜂鸣挡,两个表笔接触双控开关底座上的两个接线端 L 和 L_1,分别打开和闭合开关(如同跷跷板),只有一种情况蜂鸣器响。再将两个表笔接触两个接线端 L 和 L_2,分别打开和闭合开关,与 L 和 L_1 相反的情况下,蜂鸣器响说明正常。

② 将万用表的两个表笔接触双控开关底座上的两个接线端 L_1 和 L_2,蜂鸣器不响,说明该双控开关正常。

(a) 单开单控开关

(b) 单开双控开关

图 2-44 单开单控和单开双控开关底座

三、插座的功能检测

1. 不带开关的插座

① 打开插座盖板,对于五孔插座,包含了二孔和三孔插座,所有的"L""N"端内部各自连通,如图 2-45(a)所示。

实际的插座中,"L""N"各自有 3 个可以检测的接触点,"E"有 2 个可以检测的接触点,如图 2-45(b)所示,其中红色箭头所指为"L"端,黑色箭头所指为"N"端,绿色箭头所指为"E"端。将万用表调至蜂鸣挡,两表笔分别一一接触图 2-45(b)中任意两个颜色相同的两孔端子,蜂鸣器响,而两表笔接触不同端子时,蜂鸣器不响说明插座功能完好。

② "L""N"和"E"之间由于不连通,用表笔分别检测任意两个不连通的插孔,蜂鸣器不响则该插座功能良好。

2. 带开关的插座

图 2-46 所示为带单控开关的五孔插座,除了检测不带开关插座的步骤外,还需要多一个步骤,检测开关闭合时,两个表笔接触 L 和 L_1 对应端子时,蜂鸣器响,而开关打开时,蜂鸣器不响。

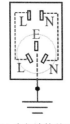

(a) 内部连接关系

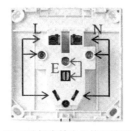

(b) 五孔插座等电位检测端子

图 2-45　五孔插座的检测示意图

图 2-46　带开关的五孔插座

学习任务 2.3　客厅供电线路的设计与实施

任务引入

在装修房屋之前,除了需要进行电器及用电设备的选型以及检测,还需要设计和规划好客厅用电设备的位置,提前进行线路布局,这样使用电器设备的时候,插座、开关的位置合适。如果没有提前做好规划,有可能出现多个用电设备使用时,空气开关跳闸现象,或者在家用电器使用时,由于插座安装位置与家用电器位置不匹配,还需要另外购买插线板,增加很多不必要的麻烦。本任务在木工板上进行安装接线,学习如何布置和安装客厅电路,包括客厅照明系统电路,以及客厅供电线路,完成客厅供电线路的设计、安装与线路检测。

在实际的接线操作时,根据不同的条件,有以下三种方案可供选择。

① 实际的房间。

② 模拟实际房间的小木屋。

③ 木制电工板,如图 2-47 所示。

本任务以木制电工板为例,进行电气安装和连接。

图 2-47 木制电工板

学习目标

① 了解客厅供电线路的设计原则；
② 掌握开关和插座的安装；
③ 掌握客厅线路的安装工艺；
④ 掌握客厅线路常见故障的排除方法。

任务必备知识

2.3.1 客厅供电线路的设计

一、设计要求

本任务的客厅照明要求为，一个单控开关控制一路照明灯电路（氛围灯），一个双控开关控制另一路照明电路（主灯）。两个插座，一个为空调专用插座，另外一个为五孔带开关的插座，供其他用电设备灵活使用。

二、设计图纸

本任务以单独的客厅电气线路进行设计，根据设计要求画出如图 2-48 所示的接线图，图中应包含 4 个空气开关，1 个总空开，3 个分空开。两个分空开分别控制两个插座、另一个分空开控制客厅氛围灯和主灯。

本任务中的备用插座为五孔插座，这样可以保证一个大功率电器和一个小功率电器同时使用；为了保证使用灵活便捷，采用开关式的插座，减小用电设备的插拔次数。此外，客厅主灯使用双控开关控制电路，氛围灯使用单控开关控制电路。

三、元件清单

进行客厅供电线路设计时，先对需要用到的所有元器件，以及所使用的工具列一个清单，如表 2-9 所列。实际安装时，客厅主灯用 LED 或荧光灯，氛围灯用筒灯、射灯或 LED 灯，本任务中，客厅主灯用 LED 灯，氛围灯用白炽灯。

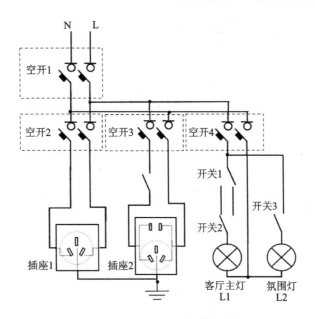

图 2-48　客厅供电线路设计图

表 2-9　客厅的供电线路准备清单

类　别	名　称	规　格	数　量	备　注
实施环境	木制电工板	60 cm×80 cm	1个	
模拟客厅所需器件	LED灯	30 W	1个	客厅主灯,双控
	白炽灯	20 W	1个	氛围灯,单控
	三孔插座	3 000 W	1个	五孔插座代替
	带开关的五孔插座	500 W	1个	
	单开双控开关		2个	控制客厅主灯
	单开单控开关		1个	控制客厅氛围灯
低压电器	配电箱		1个	
	总空气开关	C32	1个	
	空气开关	C10	2个	分别控制两个插座
	空气开关	C10	1个	控制所有照明
消耗品	导线	红、黑、黄绿三种,长度分别为 2 m、2 m、1 m	5 m	1 mm^2 塑料铜芯线
	自攻螺丝钉	Z型 ST3.5	32个	
工具	剥线钳		1个	
	老虎钳		1个	
	十字螺丝刀		1个	
	一字螺丝刀		1个	

2.3.2　客厅供电线路的安装

一、元件检测

对照元器件清单,核对元器件的规格或参数,并对空气开关、单开单控开关、单开双控开关和带开关的五孔插座的质量进行判别,确保安装前元器件的质量。

1. 空气开关检测

① 将数字万用表打到蜂鸣挡,开关分别处于闭合和断开时测量四个空开、单开单控开关是否有响声。

② 对于单开双控开关,用数字万用表一个表笔接触 L,另一个表笔接触 L_1 或者 L_2,正常情况下,开关闭合时应该鸣叫,开关断开时应该不响,以此判别开关质量的好坏。将结果填入表 2-10 中,在开关闭合和开关断开两列,对于蜂鸣器鸣叫打"√";在判别质量这一列,填"好"或"坏"。

表 2-10　开关检测

元器件	开关闭合	开关断开	判别质量
空开 1			
空开 2			
空开 3			
空开 4			
单开单控开关			
单开双控开关			

2. 五孔插座检测

对照图 2-45(b),五孔插座检测方法有以下两种。

方法一:将万用表调到蜂鸣挡,一个表笔接触一个端子,另一个表笔接触其他端子,对于内部连通的端子,蜂鸣器应当响,而对于内部不连通的端子,蜂鸣器应当不响,说明正常。

方法二:将万用表调至欧姆挡,一个表笔接触一个端子,另一个表笔接触其他端子,对于内部联通的端子,电阻的阻值非常小,接近于 0,而对于内部不连通的端子电阻的阻值非常大,超量程,说明正常。

3. 开关的检测

方法一:将数字万用表调至蜂鸣挡,两个表笔分别接触开关所对应的两个触点,将开关两端分别按下的时候,一次蜂鸣器发出响声,另一次蜂鸣器不响,则说明正常。

方法二:将万用表调至欧姆挡,两个表笔接触开关所对应的两个触点,将开关两端分别按下的时候,一次电阻的阻值非常小,接近于 0 Ω,另一次电阻的阻值非常大,超量程,则说明正常。

二、元件布局

家庭用电器的空气开关(总空气开关、空调空气开关、插线板空气开关以及照明空气开关)、插线板和照明开关(单控或双控)的安装都有相应的安装要求,通常空气开关固定于导轨,安装在配电箱内,配电箱底部距地面高度约 130 cm;挂式空调一般安装于房间较高的位置,其对应的专用插座需要离地面约180 cm;家里的备用插座距地面约30 cm,照明开关距地面约140 cm,如图2-49所示。

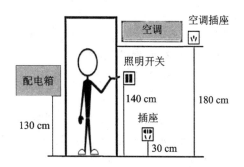

图2-49 供电线路元器件位置示意图

本项目采用模拟客厅供电线路,安装在电工板上,元件布局具体要求如下:

① 在电工板上,先进行元器件的摆放,将空气开关所在的配电箱摆在最上端,规划好开关、插座的位置,用铅笔划线定位,在进行元器件的布局过程中,保证各元器件之间的距离,设计好各电气元件的位置。

② 将开关和插座的盖板去掉,对比上一步中用铅笔对元器件的定位,用螺钉将元器件固定于电工木板上,如图2-50所示。

图2-50 电工板上的电气元件布局

三、元器件的连接

模拟入户线应当接到总空气开关,先不接入户线,而是将所有元器件的安装、接线以及检测都进行完成,检查过后,再接模拟入户线。

1. 空气开关

电度表引出的火线和零线接到总空气开关上端的两个接线端子,空气开关下端写着"负载端"字样的两个端子引出线接开关、插座等控制具体回路的空开。对于各回路空气开关,上端进线接总空气开关,下端出线接负载。安装空气开关前必须先关闭电源,把配电箱安装在电工板上端,再把空气开关排列在卡槽内,然后接线。将入户线接到电源总开关的空气开关,再根据家中电器的功率将线路接入空气开关中。

所有的用电设备都并联,家庭用电设备使用的电压为交流220 V,插座、照明灯都为并联连接。

每一路的空开都是并联。对于本项目中的客厅,装有挂式空调、主灯和氛围灯,当然,还需要预留一个插线板用于客厅的用电设备。

本项目中,总的空开和插座用空开都为两极(俗称2P)空气开关,由于空调的功率较大,需要专门使用一个空气开关,另一个空开对应的插座备用。客厅的主灯,以及氛围灯并联接入同一个空开。

注意:由于各大品牌的空气开关火线、零线位置不一致,接线时,务必按照实际操作时所拿到的电气设备或者元件,按照厂家标识进行连接,火线接到标识"L"对应的接线端子,零线接到标识"N"对应的接线端子。

配电箱中使用地线端子排,有以下三点好处。

① 安装简单方便。

② 某一路出故障不影响其他电路。

③ 检查和维修方便。

2. 开关和插座

家庭电路分为两类,照明回路和插座回路。

照明回路可以用1P的空开,也可以用2P的空开。接线时将开关串联在空开和灯之间的火线上,1P的空开接线如图2-51(a)所示,2P的空开接线如图2-51(b)所示。由于1P空开不带漏保,照明电路不推荐使用1P的空开。

插座回路必须要用漏保,火线和零线分别接到空气开关的"L"和"N"端。开关必须串联在火线上,开关闭合如图2-51(c)所示,开关断开如图2-51(d)所示。

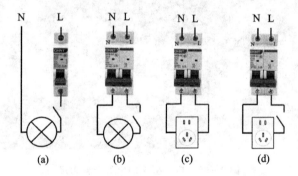

图 2-51 空气开关与开关和插座的连接方法

明装开关或插座的安装有三个步骤:① 用一字螺丝刀将插座面板拆下;② 将底座四个角的孔用自攻螺丝固定于电工板上;③ 待接好线后,将面板扣回开关或插座底板上。图2-52所示为明装开关的安装方法。

3. 照明灯

(1)节能灯

本项目节能灯自带一截导线,接线时,注意线路颜色,保证火线和零线的对应。

(2)白炽灯

对于螺口灯头的白炽灯(见图2-53(a)),螺纹(面积大的部分)一定要接零线(N),底部的

(a) 拆面板　　　　　　　　(c) 固定底座

图 2 - 52　明装开关的安装方法

舌头接火线(L)。因为有的螺口灯泡的灯头金属部分很多,在安装灯的过程中,人很容易接触到,所以螺口部分接零线可以有效地避免触电。一般灯座上有引出线(见图 2 - 53(b)),实际接线时,按照导线颜色一一对应接。

接零线
接火线

(a) 白炽灯　　　　　　　　(b) 白炽灯底座

图 2 - 53　白炽灯的接线

四、接线工艺

1. 线路敷设工艺

在木板上设计好所需的各种电气元件的摆放位置,规划好各电器之间的连接走线,走线要横平竖直,需要改变方向的地方将线路弯折成直角,如图 2 - 54(a)所示,注意插座、开关的走线的开口朝向,以及线路尽量减少交叉。木板上的线要贴合木板,如图 2 - 54(b)所示。对于配电箱中的线路,由于空气开关接线端与配电箱中的开孔,以及木板都不处于同一平面,在立体空间中,导线的每一处弯折需要遵循导线弯折即 90°的原则,如图 2 - 54(c)所示。

(a)　　　　　　　(b)　　　　　　　(c)

图 2 - 54　接线工艺示意图

2. 接线端子的接线工艺

不同的元器件,接线端子不同。对于空气开关,接线端子的压线端为一个金属面,随着螺丝的拧紧,金属面推动一个金属平面压紧导线,如图2-55(a)所示,对于这种接线端子,将导线直接插入接线端插孔里,压紧导线金属部分即可,不会出现压紧过程中导线的滚动和滑动。对于图2-55(b)和(c)所示的接线端子,端子面为螺丝的平头,而不是一个平面,这样在螺丝向下压线的过程中,导线很容易滚动或滑动,为了使螺丝的平头稳定地顶住导线金属部分,将导线的线头多剥1.5 cm,在0.5 cm处向回弯,再用剥线钳前端的压线口将两根导线夹扁,形成一个面,如图2-55(d)所示,增大导线与端子的接触面,再插入接线口。拧紧接线端子的螺丝时,要用手一直扶着导线,直至导线完全夹紧,以免压线过程中导线滚动造成弯曲。

(a) 空气开关接线端子　　(b) 插座和开关接线端子　　(c) 接线排接线端子　　(d) 导线头

图2-55　接线端子和导线头

3. 露　铜

对于已经接好的导线,水平观察电器元件接线端,有大约1 mm的铜丝露出来,如图2-56所示。露铜有三点好处,① 检测对于多股铜丝的导线,是否有铜丝毛刺未被端子压实,存在安全隐患;② 可能存在螺丝压在导线的绝缘皮上,导致电路不通;③ 在后续的通电测试中,方便万用表的表笔接触导线,进行更为细致的检查。

五、导线预处理

1. 剥　线

拉直导线和接线前都需要剥线。用剥线钳,在离导线头大约1 cm的位置,选择合适的剪切刀口,右手握住剥线钳,左手将导线放入剥线钳相应直径的卡口内,选择剥线钳刀口直径要和导线线芯直径保持一致。若刀口直径选择过大,会因不能切断导线绝缘层而无法剥线;若刀口直径选择过小,会伤及导线线芯,造成导线线芯伤口处变细且容易折断。

初次使用剥线钳时,应选择直径稍大的刀口。若不好剥,再减小刀口;若刀口选择合适,剪切后只要轻轻一拉,就能使绝缘层和线芯分离,将导线线芯与绝缘层分离,剥线钳和剥好的导线分别如图2-57(a)和图2-57(b)所示。

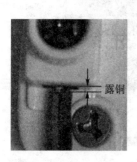

露铜

(a) 剥线钳　　(b) 剥好的导线线头

图2-56　露铜示意图　　　　**图2-57　剥　线**

2. 拉直导线

使用老虎钳(或者剥线钳前端压线口)压紧导线金属部分向后拉直,注意不要将老虎钳压着绝缘层拉。当有明显拉长的感觉时,慢慢放松导线,注意放松时一定要缓慢,否则导线还会重新弯曲。拉之后的导线没有任何弯曲或者扭转。拉直导线有两个方案,如下:

方案一:单人操作。对于整根导线(2 m),为了保证导线不会因为垂到地面而弯曲,建议在地面操作,剥去导线一头的绝缘皮,将导线的另一头在一个固定的地方绑结实,用老虎钳夹住剥去绝缘皮的导线内芯,使劲地将导线拉直。

方案二:双人操作。剥去导线的两头,两人各拿一个老虎钳,相互配合操作拉直一根线,建议两人操作拉直 1 m,对于 2 m 线,可以先剪为 1 m 再拉直。

3. 移动导线

如果拉直导线与接线的地方有一段距离,需要确保导线不会在移动过程中重新弯曲。对于长度不超过 50 cm 的导线,可以拿住线的一头,另一头下垂;对于长度超过 50 cm 的导线,放在地上,拉住线的一头,小心地拖到接线地点。

4. 放置导线

如果准备好的导线不止一根,放在不容易碰到的地方,勿将还未用到的已拉直的长导线中间部分放在桌子上,这样会导致导线的两头下垂,导线弯曲。接线前尽量不要提前剪短备用,接线时用多少剪多少,防止浪费。

5. 导线的选择

从电表引入总空开的火线和零线均选用 4 cm² 的导线;从空开引入空调所需的插线板的火线和零线均选用 2.5 cm² 的导线;备用插座的火线和零线均选用 1.5 cm² 的导线;两个照明灯的火线和零线均选用 1 cm² 的导线。在实际进行电气元件的接线时,需要将导线先穿管再连接。本任务模拟接线,所以不需要进行穿管,并且均用 1 cm² 的导线接线。

六、接线步骤

以空气开关的接线为例,介绍元器件的接线步骤。由于空气开关插座和开关都需要通过导线连接,其中空气开关安装在配电箱里,接线弯折的次数比较多,导线全部都为悬空,相对来说技术要求比较高,在图 2 - 58 中,空开 1 为总空开,空开 2 为照明或者插座回路的一路空开,以火线为例,需要将空开 1 的下方(出线端)L 端用红色的导线连接到空开 2 的上方(进线端),连接时,需要保证这根导线的每条线段都非常直,在接线的过程中还需要做到以下标准:① 需要弯曲的角度保证为 90°;② 弯折 4 次,导线所包含的 5 个线段都在一个平面上,且每条线段距离空开约 1 cm。

具体接线技术要求如下:

① 导线弯曲 90°。将剥线钳前端的压线口弯曲,大拇指顶住弯曲部分的根部,以减小弯曲弧度,如图 2 - 59 所示。

② 先测量长度再弯线,当 5 个线段全部弯好后,摆到桌面上观察。如果不在一个平面上,导线会有翘起的部分,根据具体情况调整导线弯曲的方向。

测量导线长度时,不需要用尺子,而是用另一个导线作为长度的度量参考。空气开关的出线端有多条火线(红线),为了保持多条火线的长度一致,接线前先用另一根线,即图 2 - 60(a)中的蓝线,在空开第一根已经接好的火线出线端比好长度,用大拇指卡住并记录弯折长度。将即将接线的红线,对比刚才用大拇指卡住的蓝线长度,比对需要新接的红色导线弯曲位置(见图 2 - 60(b)所示)再用剥线钳的压线口弯线,如图 2 - 60(c)所示。由于导线有一定的延展性,所以这样既兼顾了效率,也保证了弯折的尺寸合适。

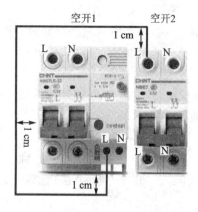

图 2 - 58 空气开关的接线规范

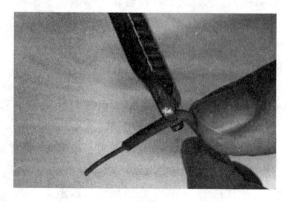

图 2 - 59 导线弯曲 90°示意图

先剥导线的一头,再测量、弯线,剥导线的另一头。5 个线段都弯折好后,在桌子或其他平面上放置,调整所有线段在一个平面。将导线的一端先接到空气开关的接线端子上,再小心地将另一端导线插入空气开关的接线端,以减少导线的形变。

(a) 对比之前的导线长度

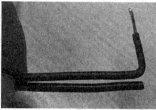
(b) 对比新的导线长度

(c) 导线弯曲

图 2 - 60 导线的测量过程

③ 按照电路图,用导线连接各元器件,在线路改变方向的地方测量长度,使用剥线钳最前端的压线口将导线弯曲成直角;在连接元器件的地方,选择剥线钳合适的剪切刀口,在线头合适的距离剥去绝缘层并进行接线。注意在接线过程中尽量考虑美观,做到横平竖直,所有导线转弯的地方均为直角,再还要贴板安装。

④ 轻拽元件的连接线,如果能拽掉,重新接拽掉的导线,确保导线连接的结实牢固。

⑤ 接线时,先将导线与接线柱连接,再用螺丝压紧导线,然后检查是否有露铜。

⑥ 节能灯接线时,将线路接好后,需要用绝缘胶布将裸露的铜线包缠,一般应从导线左端开始包缠,同时绝缘带与导线应保持一定的倾斜角,每圈的包扎要压住带宽的 $\frac{1}{2}$;包缠绝缘带要用力拉紧,包卷要黏结密实,以免潮气侵入。

2.3.3 客厅供电线路的检测

电路接好后,还需要进行检测才能够通电。本项目的插座 1 使用了五孔插座,三孔插座和五孔插座的接线方式一样。对于接好的线路,按照图 2-61 进行实物接线检查,仔细比对每一根线是否接好,用手轻拉每根线,检查线路是否连接紧固,再进行断电和通电检测。

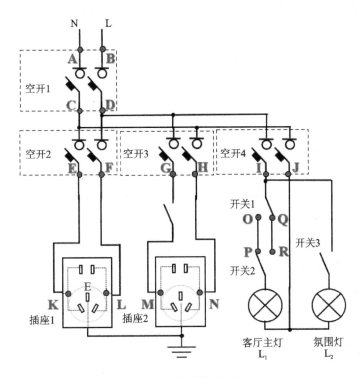

图 2-61 线路检查图纸

一、断电检查线路

① 将万用表调至蜂鸣挡,表笔接触接线空气开关,或者开关、插座的端子对应的正面螺钉。将两表笔分别放置 A、C 处,断开空开 1,蜂鸣器不响,闭合空开 1,蜂鸣器响。再将表笔分别放置 A、E 处,断开空开 2,蜂鸣器不响,闭合空开 2,蜂鸣器响,说明插座 1 所在线路中零线连接正确。用同样的方法,检测 A、G,确定插座 2 线路的零线连接正确,检测 A、I,确定照明灯所在线路零线连接正确。用同样的方法,检查火线的连接是否正确。

② 万用表的两个表笔分别放置 A、B 处,闭合所有的空开,将开关 1 和开关 2 按下,使得开关 1 接入 K 端,开关 2 接入 L 端,并将开关 3 按下,蜂鸣器不响,则火、零线之间没有短路故障。

③ 将万用表调至蜂鸣挡,表笔分别接触空开 4 的 I 和 J 端,分别将开关 1 和开关 2 分别打至 A、C,观察蜂鸣器是否响,蜂鸣器响则在对应的格中打"√",对应的灯亮则在对应的格中打"√",将结果填入表 2-11 中。

④ 重复照第③步,将开关 1 和开关 2 分别打至 O、R,观察蜂鸣器是否响,再将开关 1 和开关 2 分别打至 Q、P,Q、R,以及 O、P,观察其余三种情况下,蜂鸣器是否响,将结果填入表 2-11 中。

⑤ 表笔测量点不变,闭合开关 3,蜂鸣器_____(响,不响)。

⑥ 打开开关 3,将万用表调至蜂鸣挡,表笔分别接触开关 3 的两端,再仿照第③④步,将开关 1 和开关 2 分别打至不同字母,将结果填写表 2-11 中。

表 2-11　客厅照明电路断电检测结果

元器件	开关 1	开关 2	开关 3	测 C、D 时,蜂鸣器	测开关 3 两端时,蜂鸣器
状态	O	P	打开		
	O	P	闭合		
	O	R	打开		
	O	R	闭合		
	Q	P	打开		
	Q	P	闭合		
	Q	R	打开		
	Q	R	闭合		

二、通电检查线路

接入 220 V 交流电源,进行以下检测。

1. 用试电笔检查火线

用试电笔可以辨别火线和零线,使用笔尖接触被测的导线时,手必须接触笔尾的金属体。将试电笔的笔头按顺序分别接触空气开关 1～4 标"L"的端子,观察试电笔中的氖泡是否发光;闭合空气开关,用试电笔分别检测两个插线板标"L"的端子,对于带开关的插座,闭合开关,观察试电笔中的氖泡是否发光;进一步用试电笔分别检测单控开关标"L"的端子,分别闭合和打开双控开关的一组,观察试电笔中的氖泡是否发光。每一步的检测中,氖泡发光,则说明该元器件的火线连接正确,如果不发光,则说明火线没电,或者火线没有连接正确。

用试电笔测火线时,试电笔氖管会发光,测零线时不发光或者有可能发微弱的光。试电笔接触火线时,如果观察不到氖管发光,原因可能有:试电笔氖管已坏,手没有接触试电笔金属体,火线断路。

2. 万用表检查线路

进户线的火线与零线之间的电压是 220 V,正常情况下,零线和地线之间的电压接近 0 V。将万用表调至交流高于 220 V 的最小交流电压挡位,先按顺序检测每一个空气开关火线和零线,再依照使用试电笔检查火线的顺序,看每一个元件的火线与零线之间的电压是否满足要求。检测到的电压在 220±10 V 范围内的均为正常值。

3. 记录结果

闭合空开 1 和空开 4,将开关 1、开关 2 和开关 3 分别打到对应字母的位置,观察灯的亮灭情况,对应的灯亮,则打"√",不亮打"×"。将结果填入表 2-12 中。

表 2-12　客厅照明电路通电检测结果

测量	开关 1	开关 2	开关 1	开关 2	开关 1	开关 2	开关 1	开关 2	开关 3	开关 3
	O	Q	O	R	P	Q	P	R	闭合	打开
L_1										
L_2										

通电后,L_1 和 L_2 都亮的效果如图 2-62 所示。

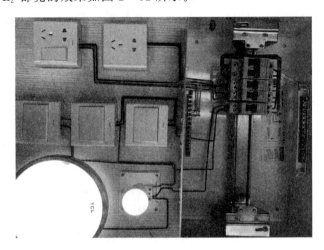

图 2-62　接好后的电路

三、系统的故障排除

客厅的配线、照明装置线路并不复杂,但是,由于线路分布面较大,影响电器设备正常工作的因素很多,所以需要掌握一定分析故障的方法。本项目所涉及的电路比较少,可以从电工板模拟客厅供电线路进行简单的故障排查。

1．检查故障的方法

(1)直观检查

通过看、听、闻的方法,通过感官进行检查。

看:查看有无导线破皮、相碰、断线、灯丝断、烧焦等现象。

听:有无放电等异常声响。

闻:有无因温度过高,烧坏绝缘而发出的气味。

(2)测试

充分利用试电笔、万用表等对线路、电气设备进行测试。

(3)分支路、分段检查

可以按照支路分段进行检查,缩小故障范围,逐渐逼近故障点。

2．照明电路常见故障

(1)短路故障

一般短路点处有明显烧痕、绝缘碳化,严重时,绝缘层会被导线烧焦,甚至引起火灾。

(2)断路故障

火线、零线出现断路故障时,负荷将不能正常工作。开关触点松动或接触不良;安装时,接线处压接不实、压住绝缘皮,或者接线端子接触处氧化,这些都是常见的断路故障。

3．常见故障举例

(1)典型故障 1

开关 3 无法控制氛围灯,无论怎样操作,氛围灯始终不亮。

排故过程如下:

① 断开空开 4,检查客厅氛围灯的接线、开关 3 的接线,如果不牢固,则重新接线压紧,注意导线接线处剥出的金属部分要留有足够长度,且接线端子接好后,要有露铜。

② 检查开关 3 的接线,从空开 4 出来的火线进入开关 3 的 L 端,而 L_1 端接氛围灯。

③ 闭合空开 4,将万用表调至交流电压 750 V 挡位,测试 I 和 J 之间的电压,若为 220 V,打开和闭合开关 3,观察是否已经排故。

④ 用试电笔检测 I 端是否接火线,以及 J 端是否接零线。

(2) 典型故障 2

开关 3 可以控制氛围灯,但是无论开关 1 和开关 2 怎样操作,客厅主灯始终都不亮。

排故过程如下:

① 断开空开 4,检查客厅主灯的接线、开关 1 的接线,是否压紧并且有露铜。

② 检查开关 1 和开关 2 的接线,对于开关 1,从空开 4 的 I 端出来的火线,要进入开关 1 的 L 端,而开关 L_1 和 L_2 分别与开关 3 的 L_1 和 L_2 用两根短线对应接线;开关 2 的 L 端接客厅主灯。

③ 再次检查每个接线端是否牢固、是否有露铜。

④ 将万用表调至蜂鸣挡,两个表笔分别接触开关 1 的 L 端,以及开关 2 的 L 端,打开和闭合开关 1,蜂鸣器在其中一种情况下响。将开关 1 打至蜂鸣器不响的位置。

⑤ 再闭合开关 2,蜂鸣器响,说明两个双控开关的接线正确。

⑥ 闭合空开 4,将万用表调至交流电压 750 V 挡位,测试 I 和 J 之间的电压,若为 220 V,按照步骤④和⑤中的操作,打开和闭合开关 1 和开关 2,灯既可以受到开关 1 的控制,也可以受到开关 2 的控制,此时故障排除。

(3) 典型故障 3

无论开关 1、开关 2,以及开关 3 怎样操作,客厅主灯和氛围灯始终都不亮。

排故过程如下:

① 断开空开 4,将万用表调至交流电压 750 V 挡位,检查空开 1 的 C 和 D 端之间的电压,应当为 220 V。

② 闭合空开 4,再次用万用表交流电压挡检查空开 4 的 I 和 J 端电压,应当为 220 V。

③ 如果客厅主灯和氛围灯依然无法由对应的开关控制,则按照典型故障 1 和典型故障 2 中的步骤,继续检查接线。

(4) 典型故障 4

电路接好后,单控灯的开关断开后,仍然有微弱的灯光。

排故过程如下:

① 单控灯的开关应当接在火线上,检查是否将开关接在了零线上。

② 如果接线没问题,再用试电笔检测空开 4 的 I 端是否亮;如果不亮,继续检查空开 1 的 C 端;如果 C 端也不亮,再检查空开 1 的 A 端;如果依然不亮,说明电源进线的火、零线接反。在按照这个顺序检测的过程中,如果发现上一级的火线连接正确,则只需要调换此时所检测的线路即可。

学习情境3 手机充电器的安装与调试

随着科技的发展,电子产品的种类越来越多,功能越来越强大。手机就是电子产品的典型代表。

绝大部分的电子产品要正常工作,都需要有一个直流电源给它供电,能为负载提供稳定直流电压的电子装置称为直流稳压电源。直流稳压电源能把交流电变成稳定的直流电,即当输入的交流电压或负载电阻在一定范围内发生变化时,输出的直流电压基本保持不变。手机充电器就是一种常见的直流稳压电源。

项目导读

直流稳压电源的种类很多,按单相整流电路的不同,可分为半波整流和全波整流两种,全波整流又有变压器中心抽头式和桥式两种;按滤波电路的不同,可分为电容滤波、电感滤波和复式滤波三种;按稳压电路的不同,可分为并联型、串联型和开关型三种。部分常见直流稳压电源如图3-1所示。

(a) 手机充电器   (b) 电动车充电器   (c) 可调直流稳压电源

图3-1 部分直流稳压电源

本项目将完成以下两个学习任务。

① 手机充电器电路的分析与测试;

② 手机充电器的安装与调试。

学习任务3.1 手机充电器电路的分析与测试

任务引入

本项目使用的手机充电器是一款成熟的已量产的经典产品,其电路板实物如图3-2所示。它包含的电路有:220 V交流输入、输入整流滤波、开关式稳压电路、5 V电源指示电路和USB5V输出等。其中,开关式稳压电路又包含振荡电路(频率变换电路)、控制电路、开关变压器、输出整流滤波、取样电路和保护电路等。本项目包含的元器件有:电阻、电容、二极管(整流、检波、稳压、开关、发光)、三极管(开关、高频)、开关变压器、光耦、USB插座等。

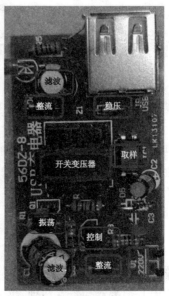

图 3-2　本项目手机充电器电路板实物

通过本任务的学习,学生能熟悉二极管、三极管和各种直流稳压电源的种类和性能,掌握手机充电器的工作原理。

学习目标

① 理解 PN 结的形成过程,掌握 PN 结的单向导电性;

② 理解二极管和三极管的内部结构、种类、性能和作用;

③ 能用 Proteus 对二极管和三极管的主要性能进行仿真;

④ 掌握整流电路、滤波电路和稳压电路的种类、工作原理和参数计算;

⑤ 能用 Proteus 对整流、滤波和稳压电路进行仿真;

⑥ 掌握开关电源的基本组成和工作原理,能对手机充电器进行电路分析。

任务必备知识

3.1.1　二极管和三极管仿真测试

一、二极管的仿真测试

1. 二极管的内部结构

半导体二极管又称晶体二极管,简称二极管(diode),它的内部是一个包含两个引线端子的 PN 结。也就是说,在 PN 结上加上引线和封装,就可变为一个二极管。二极管的种类很多,但由于 PN 结具有单向导电性,因此单向导电性是所有二极管的共同特性。

二极管的图形符号有三种,都可以使用,如图 3-3 所示。其中,三角形部分实际上是个箭头,表示允许通过的电流方向,即从正极流向负极。箭头下方一横表示负极,与实物中靠

图 3-3　二极管的图形符号

近某一引脚的环对应。二极管的正极也可用"＋"、阳极或 P 极表示,负极也可用"－"、阴极或 N 极表示。

2. PN 结的形成过程

(1) 纯净半导体

物体根据导电能力(电阻率)的不同,可分为导体、绝缘体和半导体三种。典型的半导体材料有硅(Si)和锗(Ge)两种,它们都是四价元素,即原子核的最外层都有 4 个价电子。纯净半导体又称本征半导体,是一种完全纯净、结构完整的半导体晶体。在绝对零度下,4 个价电子分别与其周围原子核的价电子以共价键的形式结合在一起,如图 3－4 所示。

在室温下,当被共价键束缚的价电子获得足够的随机热振动能量而挣脱共价键束缚成为自由电子,这种现象叫本征激发,如图 3－5 所示。这时半导体便具备了一定的导电能力,但与导体相比,本征硅晶体内自由电子数量较少,因而其导电性能远不及导体。

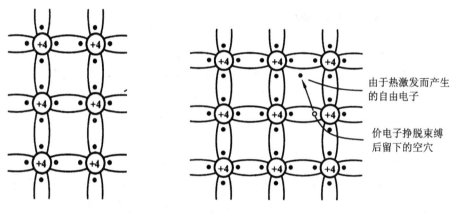

图 3－4　硅晶体的内部结构　　　　图 3－5　本征激发

价电子挣脱束缚成为自由电子后,共价键中留下的空位叫空穴。因为空穴表示共价键中失去了一个带负电荷的电子,所以认为其带有与电子电荷等量的正电荷。空穴的出现是半导体区别于导体的一个重要特点。自由电子和空穴都是载流子,本征激发产生的自由电子和空穴数量相等且总是成对出现的。自由电子与空穴相遇时,两者同时消失,这种现象称为自由电子与空穴的复合。当温度升高时,将产生更多的自由电子和空穴,意味着载流子的浓度升高,晶体的导电能力也会增强,即本征半导体的电导率将随温度的升高而增加。

(2) 杂质半导体

在本征半导体中掺入某些微量元素作为杂质,可使半导体的导电性发生显著变化。掺入的杂质主要是三价或五价元素。掺入杂质的本征半导体称为杂质半导体。N 型半导体为掺入五价杂质元素(如磷)的半导体;P 型半导体为掺入三价杂质元素(如硼)的半导体。

① P 型半导体:因三价杂质原子在与硅原子形成共价键时,缺少一个价电子而在共价键中留下一个空穴。在 P 型半导体中空穴是多数载流子,主要由掺杂形成;自由电子是少数载流子,由热激发形成。空穴很容易俘获电子,使杂质原子成为负离子,三价杂质因而也称为受主杂质。P 型半导体如图 3－6 所示。

② N 型半导体:因五价杂质原子中只有四个价电子能与周围四个半导体原子中的价电子形成共价键,而多余的一个价电子因无共价键束缚而很容易形成自由电子。在 N 型半导体

中，自由电子是多数载流子，主要由杂质原子提供；空穴是少数载流子，由热激发形成。提供自由电子的五价杂质原子因带正电荷而成为正离子，因此五价杂质原子也称为施主杂质。N型半导体如图 3-7 所示。

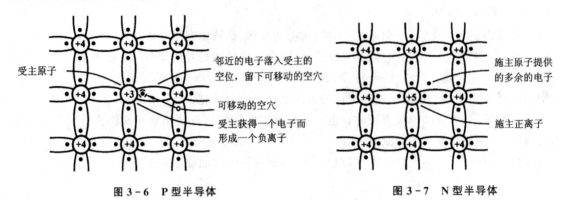

图 3-6 P 型半导体　　　　　　　　　　　　　　　图 3-7 N 型半导体

　　总之，在本征（纯净）半导体中掺入杂质，一方面可以显著提高半导体的导电性能，另一方面可以减小温度对半导体导电性能的影响。此时，半导体的导电能力主要取决于掺杂浓度。在纯净的半导体中掺入受主杂质，可制成 P 型半导体；而掺入施主杂质，可制成 N 型半导体。空穴导电是半导体不同于金属导体的重要特点。注意：这里是用空穴移动产生的电流来代替价电子移动产生的电流。

　　（3）PN 结的形成

　　在一块本征半导体两侧通过掺入不同的杂质，分别形成 N 型半导体和 P 型半导体。一方面，在它们的交界面两侧就出现了电子和空穴的浓度差，有些电子就要从 N 型区向 P 型区扩散，也有一些空穴要从 P 型区向 N 型区扩散。结果就使 P 区一边失去空穴，留下了带负电的杂质离子；N 区一边失去电子，留下了带正电的杂质离子。这些不能移动的带电粒子在 P 区和 N 区交界面附近，形成了一个空间电荷区，空间电荷区的薄厚和掺杂物浓度有关。由于正负电荷之间的相互作用，在空间电荷区形成内电场，其方向是从带正电的 N 区指向带负电的P 区。显然，这个电场的方向与载流子扩散运动的方向相反，会阻止扩散。另一方面，这个电场将使 N 区的少数载流子空穴向 P 区漂移，使 P 区的少数载流子电子向 N 区漂移，漂移运动的方向正好与扩散运动的方向相反。从 N 区漂移到 P 区的空穴补充了原来交界面上 P 区所失去的空穴，从 P 区漂移到 N 区的电子补充了原来交界面上 N 区所失去的电子，这就使空间电荷减少，内电场减弱。因此，漂移运动的结果是空间电荷区变窄，扩散运动加强。

　　最后，多子的扩散和少子的漂移达到动态平衡。在 P 型半导体和 N 型半导体的结合面两侧，留下离子薄层，这个离子薄层形成的空间电荷区称为 PN 结，如图 3-8 所示。PN 结的内电场方向由 N 区指向 P 区。在空间电荷区，由于缺少多子，所以也称耗尽层。

　　3. PN 结的单向导电性

　　（1）外加正向电压

　　当外加电压使 PN 结中 P 区的电位高于 N 区的电位时，称加正向电压，简称正偏，如图 3-9 所示。

　　外加正向电压，削弱了内电场的作用，使空间电荷区变薄，PN 结电阻减小，有利于多数载

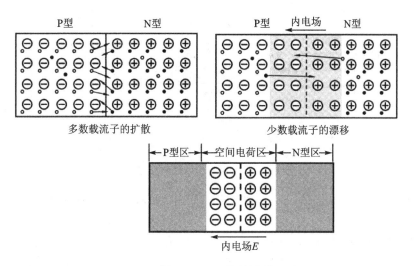

图 3 - 8　PN 结的形成

流子的扩散运动。回路中产生由多数载流子形成的扩散电流,称为正向电流 I_F,此时 PN 结导通,即正偏导通。

(2) 外加反向电压

当外加电压使 PN 结中 P 区的电位低于 N 区的电位时,称加反向电压,简称反偏,如图 3 - 10 所示。

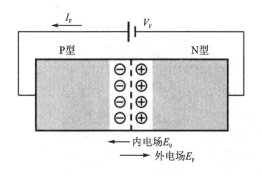

图 3 - 9　PN 结正偏导通

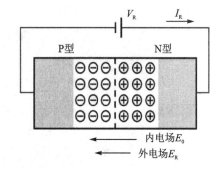

图 3 - 10　PN 结反偏截止

外加反向电压,增强了内电场的作用,空间电荷区变厚,PN 结电阻增大,阻止多子扩散,有利于少子漂移。回路中产生由少数载流子形成的漂移电流,称为反向电流。在一定的温度条件下,由本征激发决定的少子浓度是一定的,故少子形成的漂移电流是很小且恒定的,基本上与所加反向电压的大小无关,这个电流也称为反向饱和电流 I_R。此时 PN 结截止,即反偏截止。

PN 结加正向电压时,呈现低电阻,具有较大的正向扩散电流。PN 结加反向电压时,呈现高电阻,具有很小的反向漂移电流。由此可以得出结论:PN 结具有正偏导通、反偏截止的特性,即单向导电性。

4. 二极管的种类

(1) 按内部结构分

二极管按内部结构分,有点接触型、面接触型和平面型三大类,如图 3 - 11 所示。

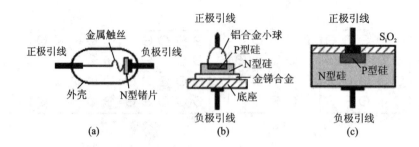

图 3 - 11   二极管的结构示意图

① 点接触型二极管：图 3 - 11(a)所示二极管，PN 结面积小，结电容小，用于检波和变频等高频电路。

② 面接触型二极管：图 3 - 11(b)所示二极管，PN 结面积较大，用于较大电流整流电路。

③ 平面型二极管：图 3 - 11(c)所示二极管，PN 结面积大，不仅能用于大功率整流，而且性能稳定可靠，多用于开关、脉冲及高频电路。

（2）按照所用的半导体材料

二极管按所用的半导体材料分，有锗二极管（Ge 管）和硅二极管（Si 管）。

（3）按用途分

二极管按用途分，有检波二极管、整流二极管、稳压二极管、开关二极管、隔离二极管、肖特基二极管、发光二极管等。

各种常见二极管实物如图 3 - 12 所示。

图 3 - 12   各种常见二极管实物图

5．二极管的伏安特性

半导体二极管的伏安特性曲线如图 3 - 13 所示。处于第一象限的是正向伏安特性曲线，处于第三象限的是反向伏安特性曲线。

（1）正向特性

当 $U>0$，即处于正向特性区域，正向区又分为三个区域：当 $0<U<U_{th}$ 时，二极管截止；当 $U>U_{th}$ 时，开始出现正向电流，U_{th} 为死区电压，又称门槛电压或阀值电压；当 U 大于二极管的导通电压时，正向电流按指数规律增长。

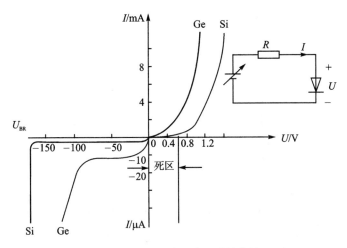

图 3 - 13　二极管的伏安特性曲线

硅二极管的死区电压 U_{th} 为 0.5 V 左右,导通电压为 0.6～0.7 V。锗二极管的死区电压 U_{th} 为 0.1 V 左右,导通电压为 0.2～0.3 V。

(2)反向特性

当 $U < 0$ 时,即处于反向特性区域。外加的反向电压超过某一数值 U_{BR} 时,反向电流会突然增大,引起电击穿的临界电压称为二极管反向击穿电压。反向区也分两个区域:当 $U < U_{BR}$ 时,反向电流很小;当 $U \geqslant U_{BR}$ 时,反向电流急剧增加,这种现象称为反向击穿,U_{BR} 称为反向击穿电压。

反向击穿又分为两种形式:电击穿和热击穿。电击穿时,二极管失去单向导电性,在撤除外加电压后,其性能仍可恢复。如果二极管因反向击穿而引起过热,则单向导电性会被永久破坏,二极管就损坏了。因而使用时应避免二极管外加的反向电压过高。

6. 特殊二极管

除了普通二极管外,还有若干种特殊二极管,如稳压二极管、变容二极管、开关二极管、光电器件(包括光电二极管、发光二极管)等。

(1)稳压二极管

利用二极管的正向导通特性可以构成低电压稳压电路。虽然可以通过串联多个二极管来提高电路的稳压值,但每串联一个二极管增加的电压值基本上是固定的,应用的灵活性受到限制。有一种专门用于稳压的二极管,是一种特殊工艺制造的面结型硅半导体二极管,又称齐纳二极管,简称稳压管。

稳压二极管的杂质浓度比较高,空间电荷区内的电荷密度也大,因而该区域很窄,容易形成强电场。

当反向电压加到某一定值时,反向电流急增,产生反向击穿。稳压二极管的符号及稳压特性如图 3 - 14 所示,U_Z 表示反向击穿电压,即稳压管的稳定电压,它是在特定的测试电流 I_{ZT} 下得到的电压值。

稳压管的稳压作用在于,电流增量 ΔI_Z 很大,只引起很小的电压变化 ΔU_Z。曲线越陡,动态电阻 $r_Z = \Delta U_Z / \Delta I_Z$ 越小,稳压管的稳压性能越好,其稳压特性如图 3 - 14(a)所示。

I_{Zk} 为稳压管工作在正常稳压状态的最小工作电流。反向电流小于 I_{Zk},稳压管进入反向

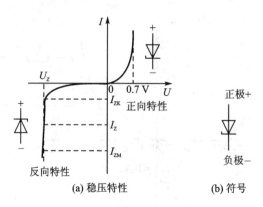

图 3 - 14　稳压二极管的稳压特性及符号

特性的转弯段,稳压特性消失。I_{ZM} 为稳压管工作在正常稳压状态的最大工作电流。反向电流大于 I_{ZM} 时,稳压管可能被烧毁。图 3 - 14(b)所示为稳压二极管符号。

一般稳压值 U_Z 较大时,可以忽略 r_Z 的影响,即 $r_Z=0$,U_Z 为恒定值。由于温度对半导体导电性能有影响,所以温度也将影响 U_Z 的值。

(2) 肖特基二极管

肖特基二极管(Schottky Barrier Diode,SBD)是利用金属(如金属铝、金、钼、镍和钛等)与 N 型半导体接触,在交界面形成势垒的二极管。因此,肖特基二极管也称为金属—半导体结二极管或者表面势垒二极管。

由于制作原理不同,肖特基二极管是一种多数载流子导电器件,所以电容效应非常小,工作速度非常快,特别适于高频或开关状态应用。因此,肖特基二极管也称开关二极管。

肖特基的耗尽区只存在于 N 型半导体一侧(金属是良好导体,势垒区全部落在半导体一侧),相对较薄,故其正向导通门槛电压和正向压降都比 PN 结二极管低(约低 0.2 V),反向击穿电压也较低,大多不高于 60 V,最高仅约 100 V,且反向漏电流比 PN 结二极管大。肖特基二极管的符号和特性如图 3 - 15 所示。

(3) 发光二极管

发光二极管(Light - Emitting Diode,LED),其图形符号如图 3 - 16 所示。发光二极管与普通二极管一样,由一个 PN 结组成,具有单向导电性。当给发光二极管加上正向电压后,从 P 区注入 N 区的空穴和由 N 区注入 P 区的电子,在 PN 结附近数微米内分别与 N 区的电子和 P 区的空穴复合,产生自发辐射的荧光。不同的半导体材料中电子和空穴所处的能量状态不同,当电子和空穴复合时释放出的能量越多,则发出的光的波长越短。砷化镓二极管发红光,磷化镓二极管发绿光,碳化硅二极管发黄光,氮化镓二极管发蓝光。发光二极管的反向击穿电压大于 5 V,它的正向伏安特性曲线很陡,使用时必须串联限流电阻以控制通过二极管的电流。

图 3 - 15　肖特基二极管　　　图 3 - 16　发光二极管的图形符号

发光二极管在电路及仪器中常作为指示灯,或者组成文字或数字显示。在其他领域也具有广泛的用途,如照明、平板显示、医疗器件等。

发光二极管的另一种重要用途是信号变换和传输。比如,红外发光二极管和光电二极管配合使用,可以制成各种遥控器,其原理电路如图3-17所示。红外发光二极管能发出红外线,管压降约1.4 V,工作电流一般小于20 mA,为了适应不同的工作电压,回路中常常串有限流电阻。光电二极管是将光转换为电的二极管,它工作在反向偏置状态下,反向电流随着光照强度的增加而上升,如图3-17所示。

再如,发光二极管和光电三极管配合使用(通常封装在同一管壳内),可以制成光电耦合器(简称光耦),实现以光为媒介的信号传输。光耦的图形符号如图3-18所示,当输入端加电信号时发光二极管发光,光电三极管接收光线之后就产生光电流,从输出端流出,从而实现了"电-光-电"控制。本项目使用的是线性光耦PC817系列。

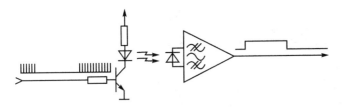
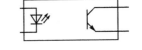

图3-17   红外发光二极管遥控电路原理图   图3-18   光电耦合器的图形符号

任务实施

1. 二极管单向导电性仿真测试

① 打开Proteus软件,用10 V/2 Hz交流电源ALTERNATOR(幅度AMP设为14.14 V)、1N4001整流二极管、LED-RED发光二极管、300 Ω电阻四个元件串联组成一个回路,如图3-19所示。

② 单击仿真运行按钮,观察发光二极管的发光情况。

③ 用3个直流电压表分别测出 D_2 发光时 D_1、D_2 和 R_1 两端的直流电压,将测量结果填入表3-1中。

表3-1   二极管单向导电性仿真电路测试表

电源电压	频率	V_{D1}	V_{D2}	V_{R1}
AC 10 V	2 Hz			

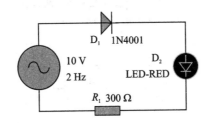

图3-19   二极管单向导电性仿真电路图

④ 请描述 D_2 闪烁的原因。

_____

_____。

⑤ 若 D_1 反接,D_2 _____(能或不能)亮;若 D_2 反接,D_2 _____(能或不能)亮;若 D_1、D_2 均反接,D_2 _____(能或不能)亮。

⑥ 若把 R_1 改成 30 Ω,仿真时 D_2 _____(能或不能)亮,实际中 D_2 _____(能或不能)亮。

2. 光耦传输性能仿真测试

① 按图 3 - 20 在 Proteus 中画出光耦 OPOCOUPLER - NPN 传输性能仿真测试图。其中,电位器 RP_1 选择可以调节的 POT - HG,按键 S_1 选择可自动复位的 BUTTON。光耦 U_1 的①②为输入端 V_i,④⑤脚为输出端 V_o。

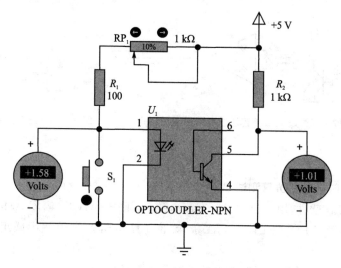

图 3 - 20　光耦传输性能仿真试验图

② 单击"运行"按钮,观察两电压表是否有读数。若有,则正常;若无,则检查各元器件及其连线。

③ 在按键 S_1 断开和闭合两种状态下,将电位器 RP_1 分别调到 0%、10%、20%、30%、50%、75%、100%,观察两电压表的读数并填表。

④ 根据 V_i 的读数,计算流过发光二极管的电流 I_D,并填入表 3 - 2 中。

表 3 - 2　光耦传输性能仿真测试表

电路状态	电路参数	RP₁						
		0%	10%	20%	30%	50%	75%	100%
S1 断开	V_i							
	V_o							
	I_D							

续表 3 - 2

电路状态	电路参数	RP₁						
		0%	10%	20%	30%	50%	75%	100%
S1 闭合	V_i							
	V_o							
	I_D							

⑤ 从上述仿真过程可以看出:RP₁ 越向左滑,其阻值越 _____,输入电压 V_i 越 _____,流过发光二极管的电流 I_D 越 _____,输出电压 V_o 越 _____。

二、三极管仿真测试

双极性晶体管(Bipolar Junction Transistor,BJT)俗称晶体三极管,简称三极管,是一种具有三个终端的电子器件,由三部分掺杂程度不同的半导体制成,它们分别构成两个非对称的 PN 结,有 PNP 和 NPN 两种类型。其中发射区的掺杂浓度高,以便在发射结正偏时从发射区注入基区的电子在基区形成相当高的电子浓度;基区非常薄(0.1 微米到几微米),这样注入基区的电子只有很少一部分与多子空穴复合形成基极电流。与基区电子复合的源源不断的空穴需要基极提供电流来维持。在设计中,对集电区进行较低浓度的 P 型掺杂,且集电区面积很大,以便基区高浓度的电子扩散进集电区形成集电极电流。

三极管是一种电流控制电流的半导体器件,具有把微弱信号放大成幅度值较大的电信号的作用,是电子电路的核心元件之一。

1. 三极管的内部结构

三极管的内部有 2 个 PN 结:集电结和发射结;有 3 个区:集电区、基区和发射区。三极管有 NPN 和 PNP 两种类型,集电区、基区和发射区分别引出 1 个电极,即集电极 C、基极 B 和发射极 E。

(1) NPN 型三极管

NPN 型三极管的集电区、基区和发射区分别对应 N 型、P 型和 N 型半导体,其内部结构和图形符号如图 3-21 所示。注意:在图形符号中,NPN 型三极管的发射结所在的箭头指向发射极。

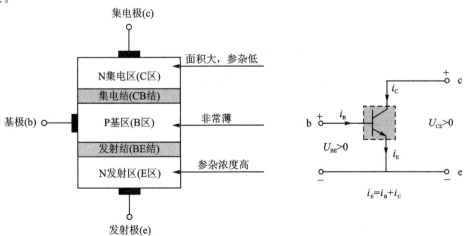

图 3 - 21 NPN 型三极管的内部结构和图形符号

（2）PNP 型三极管

PNP 型三极管的集电区、基区和发射区分别对应 P 型、N 型和 P 型半导体,其内部结构和图形符号如图 3-22 所示。注意:在图形符号中,PNP 型三极管的发射结所在的箭头指向基极。

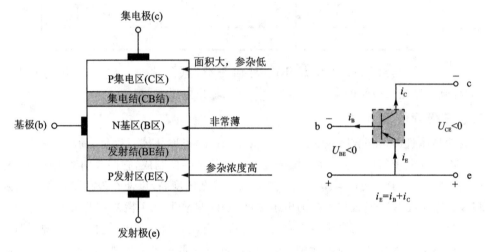

图 3-22　PNP 型三极管的内部结构和图形符号

2. 组　态

三极管有共射、共基和共集三种组态,下面以 NPN 型三极管为例分别描述。

① 共射极接法:以基极 B 作为输入端,集电极 C 作为输出端,发射极 E 既是输入端又是输出端,如图 3-23 所示。

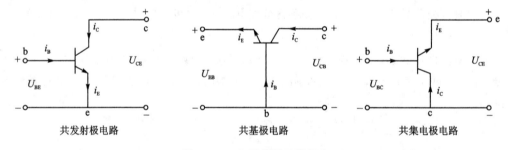

图 3-23　三极管的三种组态

② 共基极接法:以发射极 E 作为输入端,集电极 C 作为输出端,基极 B 既是输入端又是输出端。

③ 共集电极法:以基极 B 作为输入端,发射极 E 作为输出端,集电极 C 既是输入端又是输出端。

3. 放大原理

三极管处于放大状态时,发射结正偏,集电结反偏。下面以 NPN 型三极管的放大状态为例,分析三极管的工作原理,如图 3-24 所示。

（1）发射区多子向基区扩散（注入）

发射结正偏使得发射区的自由电子（多子）向基区扩散（注入）,形成电流 i_{En};同时基区的

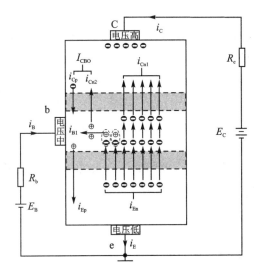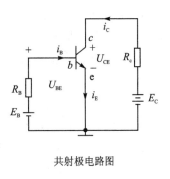

共射极电路图

图 3－24　三极管内部状态图

空穴（多子）向发射区扩散，形成扩散电流 i_{Ep}，i_{En} 和 i_{Ep} 构成了发射极电流 i_E，即 $i_E = i_{En} + i_{Ep}$。由于发射区高浓度掺杂、基区很薄，使得发射区向基区扩散的自由电子形成的电流 i_{En} 远大于基区向发射区扩散的空穴形成的电流 i_{Ep}。所以由发射区向基区扩散的自由电子构成了发射极电流 i_E 的主要成分，即 $i_E \approx i_{En}$。

（2）基区非平衡少子向集电结方向扩散和复合

来自发射区的自由电子会在基区靠近发射结的表面聚集，从而在基区形成非平衡自由电子浓度差，非平衡自由电子在浓度差的作用下绝大部分会扩散到集电结边界，只有极少部分非平衡自由电子在扩散的过程中会与基区空穴复合（基区很薄所以只有极少部分），形成基区复合电流 i_B。基区复合电流 i_B 是基区主要成分，表示基区引线进入基区的空穴电流。

（3）集电极收集基区非平衡少子

集电结反偏，加在集电极区的电压必然大于基区，所以在电场力的作用下集电结处的基区非平衡自由电子会越过集电结，来到基区，形成集电极电流主要成分 i_{Cn1}。除此之外，在反偏电压的作用下，基区的少子（电子）也会越过集电结漂移到集电区形成漂移电流 i_{Cn2}；同理集电区中的少子（空穴）越过集电结漂移到基区形成漂移电流 i_{Cp}。定义 $i_{Cn2} + i_{Cp} = I_{CBO}$，$I_{CBO}$ 就是集电结的反方向饱和电流（PN 结反偏存在反向饱和电流）。

4. 电流关系

发射极电流是电路中最大的电流，集电极电流稍小，基极电流是最小的。一个很小的基极电流控制了比其大很多的发射极电流。

通常，从基极到集电极的电流增益用 β 表示，$\beta = I_C / I_B$，$\beta \gg 1$。

由 KCL 得：

$$I_E = I_C + I_B, \quad 且 \ I_C = \beta I_B$$

所以

$$I_E = I_C + I_B = (1 + \beta)I_B$$

在考虑基区多子扩散运动和集电区少子运动的情况下有

$$I_C = \beta I_B + (1+\beta)I_{CBO} = \beta I_B + I_{CEO}$$

式中，I_{CBO} 是发射极开路时，集电极的反向饱和电流；I_{CEO} 是基极开路（$I_B = 0$）时，集电极和发射极之间流过的穿透电流，即：$I_{CEO} = (1+\beta)I_{CBO}$。

5. 三极管的三种工作状态

（1）放大状态

发射结正偏，集电结反偏。对于小功率的 NPN 型硅管，$V_C > V_B > V_E$，$U_{BE} \approx 0.7$ V，$U_{BC} < 0$ V（具体数值视电源电压 E_c 及有关元件的数值而定）；对于 PNP 型锗管，$V_C < V_B < V_E$，$U_{BE} \approx -0.2$ V，$U_{BC} > 0$ V。如果在检测电路中发现晶体三极管极间电压为上述数值，即可判断该三极管工作在放大区，由该三极管组成的这部分电路为放大电路，此时 $I_C = \beta I_B$，基极电流能有效控制集电极电流和发射极电流。

（2）饱和状态

发射结正偏，集电结正偏。对于小功率的 NPN 型硅管，$V_B > V_C > V_E$，$U_{BE} \approx 0.7$ V，$U_{BC} > 0$ V；对于 PNP 型锗管，$V_B < V_C < V_E$，$U_{BE} \approx -0.2$ V，$U_{BC} < 0$ V。此时 $I_C < \beta I_B$，基极电流不能有效控制集电极电流和发射极电流，集电极与发射极之间的内阻和压降均很小，相当于短路，各极电流都很大。

（3）截止状态

发射结反偏。只要发射结反偏（或零偏），三极管就截止，此时 $I_C = I_B = I_E = 0$，集电极与发射极之间的内阻和压降均很大，相当于开路，各极电流为零。

6. 输入输出特性曲线

（1）输入特性曲线

输入特性曲线描述管压降 U_{CE} 一定的情况下，基极电流 i_B 与发射结压降 u_{BE} 之间的函数关系，即

$$i_B = f(u_{BE}) \mid U_{CE} = 常数$$

当 $U_{CE} = 0$ V 时，相当于集电极与发射极短路，即发射结与集电结并联。因此，输入特性曲线与 PN 结的伏安特性相类似，呈指数关系，如图 3-25 所示。

当 U_{CE} 增大时，曲线将右移。这是因为，由发射区注入基区的非平衡少子有一部分越过基区和集电结形成集电极电流 i_C，使得在基区参加复合运动的非平衡少子随 U_{CE} 的增大（即集电结反向电压的增大）而减小。因此，要获得同样的 i_B，就必须加大 U_{BE}，使发射区向基区注入更多的电子。

实际上，对于确定的 U_{BE}，当 U_{CE} 增大到一定值以后，集电结的电场已足够强，可以将发射区注入基区的绝大部分非平衡少子都收集到集电区，因而再增大 U_{CE}，

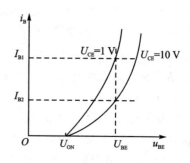

图 3-25 三极管输入特性曲线

i_C 也不可能明显增大了，也就是说，i_B 已基本不变。因此，U_{CE} 超过一定数值后，曲线不再明显右移而基本重合。对于小功率管，可以用 U_{CE} 大于 1V 的任何一条曲线来近似 U_{CE} 大于 1V 的所有曲线。

（2）输出特性曲线

输出特性曲线描述基极电流 I_B 为一常量时，集电极电流 i_C 与管压降 U_{CE} 之间的函数关系，即

$$i_C = f(u_{CE}) \mid I_B = 常数$$

对于每一个确定的 I_B，都有一条曲线，所以输出特性是一族曲线，如图 3 - 26 所示。

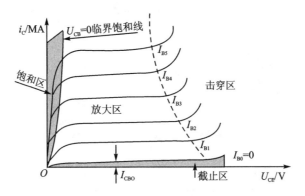

图 3 - 26　三极管输出特性曲线

对于某一条曲线，当 u_{CE} 从零逐渐增大时，集电结电场随之增强，收集基区非平衡少子的能力逐渐增强，因而 i_C 也就逐渐增大。而当 u_{CE} 增大到一定数值时，集电结电场足以将基区非平衡少子的绝大部分收集到集电区来，u_{CE} 再增大，收集能力已不能明显提高，表现为曲线几乎平行于横轴，即 i_C 几乎仅仅决定于 I_B。

从输出特性曲线可以看出，晶体三极管有三个工作区域：截止区、放大区和饱和区，这也是三极管有三种工作状态的原因。

任务实施

三极管三种工作状态仿真测试如下：

① 在 Proteus 软件中画出图 3 - 27 所示三极管三种工作状态仿真电路。单击"仿真运行"按钮，将电位器 RV_1 打到中间位置（100 k 或 50%），将 2 个电压表和 3 个电流表的读数填入表 3 - 3 中。

表 3 - 3　三极管三种工作状态仿真电路测试表

RV_1	V_{BB}	V_{cc}	V_B	V_c	I_B	I_c	I_E	工作状态
100 k	3 V	12 V						
100 k	≤0 V	12 V						
<20 k	3 V	12 V						

② 将 V_{BB} 改成 0 V 或 −3 V，重新运行后将读数填入表 3 - 3 中。将 V_{BB} 改回 3 V，调节 RV_1 至 <10%（20 k），重新运行后将读数填入表 3 - 3 中。

③ 电压法判断三极管工作状态。对 NPN 型管，发射结反偏或零偏，即 $U_{BE} \le 0$ V 时，三极管截止；发射结正偏、集电结反偏，即 $V_c > V_B > V_E$ 时，三极管放大；发射结、集电结均正偏，即 $V_B > V_c > V_E$ 时，则三极管饱和。根据 V_B 和 V_c 数据，判断三极管的三种工作状态后将结果填

入表 3－3 中。

④ 电流法判断三极管工作状态。放大时，$I_C=\beta I_B$，$I_E=I_C+I_B$；饱和时，$I_C<\beta I_B$；截止时，$I_C=I_B=0$。根据表 3－3 中三个电流值，判断三极管的工作状态并填入表 3－3 中，比较两者结论是否一致。

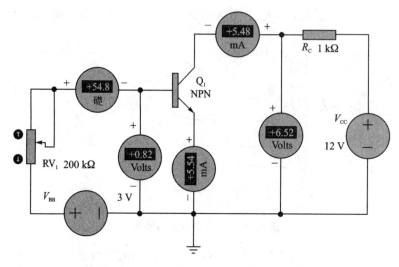

图 3－27　三极管三种工作状态仿真电路

⑤ 改变 V_{cc}、V_{BB}、R_c、RV_1 和 Q_1 中的任一参数后重新运行，根据 5 个电表的读数，判断三极管工作在何种状态。请反复操作，多加练习，掌握其判别方法。

⑥ 将图 3－27 中的 Q_1 用 PNP 型三极管来代替，设计并画出仿真电路。通过仿真，得出三个电极在三种不同工作状态下 V_B、V_C、V_E 的电压关系（设 $V_E=0$）：截止时＿＿＿＿＿＿，放大时＿＿＿＿＿＿，饱和时＿＿＿＿＿＿。

3.1.2　整流、滤波和稳压电路仿真测试

一般直流稳压电源都使用 220 V 市电作为电源，经过变压、整流、滤波后输送给稳压电路进行稳压，最终成为稳定的直流电源，这个过程中的变压、整流、滤波等电路可以看作直流稳压电源的基础电路，没有这些电路对市电的前期处理，稳压电路将无法正常工作。直流稳压电源的电路组成如图 3－28 所示。

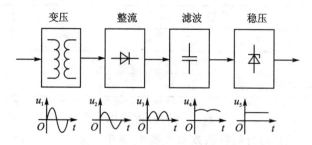

图 3－28　直流稳压电源的电路组成

一、整流电路

通常直流稳压电源使用电源变压器来改变输入到后级电路的电压。电源变压器由初级绕组、次级绕组和铁芯组成。初级绕组用来输入电源交流电压,次级绕组输出所需要的交流电压。通俗地说,电源变压器是一种"电→磁→电"转换器件,即初级的交流电转化成铁芯的闭合交变磁场,磁场的磁力线切割次级线圈产生交变电动势。次级接上负载时,电路闭合,次级电路有交变电流通过。变压器的电路图符号见图 3-29。

图 3-29　变压器符号

经过变压器变压后的仍然是交流电,需要转换为直流电才能提供给后级电路,这个转换电路就是整流电路。在直流稳压电源中利用二极管的单向导电特性,将方向变化的交流电通过整流转变为方向不变的直流电。

整流电路有半波整流和全波整流两种。全波整流又分为变压器中心抽头式和桥式两种。

1. 半波整流电路

半波整流电路见图 3-30(a),图中 B_1 是电源变压器,D_1 是整流二极管,R_L 是负载。B_1 次级是一个方向和大小随时间变化的正弦波电压,波形如图 3-30(b)所示。$0 \sim \pi$ 是这个电压的正半周,这时 B_1 次级上端为正,下端为负,二极管 D_1 正向导通,电源电压加到负载 R_L 上,负载 R_L 中有电流通过;$\pi \sim 2\pi$ 是这个电压的负半周,这时 B_1 次级上端为负、下端为正,二极管 D_1 反向截止,没有电压加到负载 R_L 上,负载 R_L 中没有电流通过。在 $2\pi \sim 3\pi$、$3\pi \sim 4\pi$ 等后续周期中重复上述过程,这样电源负半周的波形被"削"掉,得到一个单一方向的电压,波形如图 3-30(b)所示。由于这样得到的电压波形大小还是随时间变化,因此称其为半波脉动直流。

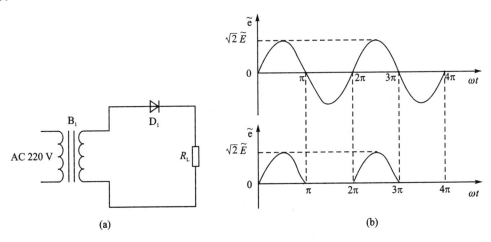

(a)　　　　　　　　　　　　(b)

图 3-30　半波整流电路

设 B_1 次级电压有效值为 E(或 U_2),理想状态下负载 R_L 两端的电压 U_o 可用下面的公式求出:

$$U_o = 0.45E$$

负载 R_L 中的电流 I_o 和二极管 D_1 中的电流 I_D 为

$$I_D = I_o = U_o / R_L = 0.45E / R_L$$

整流二极管 D_1 承受的反向峰值电压 U_D 为

$$U_D = \sqrt{2}E$$

由于半波整流电路只利用电源的正半周,电源的利用效率非常低,所以半波整流电路仅在高电压、小电流等少数情况下使用,一般电源电路中很少使用。

2. 变压器中心抽头式全波整流电路

由于半波整流电路的效率较低,于是人们很自然地想到将电源的负半周也利用起来,这样就有了全波整流电路。变压器中心抽头式全波整流电路图见图 3-31。相对半波整流电路,变压器中心抽头式全波整流电路多用了一个整流二极管 D_2,变压器 B_1 的次级也增加了一个中心抽头。这个电路实质上是将两个半波整流电路组合到一起。$0 \sim \pi$ 间 B_1 次级上端为正,下端为

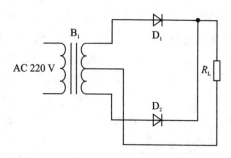

图 3-31　变压器中心抽头式全波整流电路

负,D_1 正向导通,电源电压加到 R_L 上,R_L 两端的电压上端为正,下端为负,其波形如图 3-32(b)所示,其电流流向如图 3-33 所示;在 $\pi \sim 2\pi$ 之间 B_1 次级上端为负下端为正,D2 正向导通,电源电压加到 R_L 上,R_L 两端的电压还是上端为正下端为负,其波形如图 3-32(c)所示,

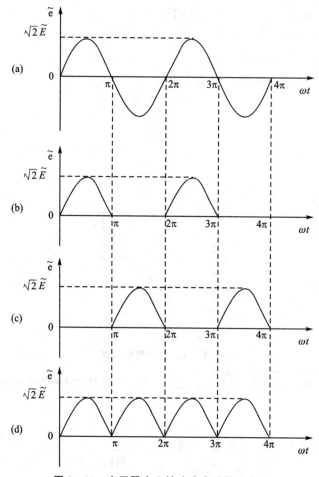

图 3-32　变压器中心抽头式全波整流电路

其电流流向如图 3-33 所示。在 $2\pi\sim3\pi$、$3\pi\sim4\pi$ 等后续周期中重复上述过程,这样电源正负两个半周的电压经过 D_1、D_2 整流后分别加到 R_L 两端,R_L 上得到的电压总是上正下负,其波形如图 3-32(d) 所示。

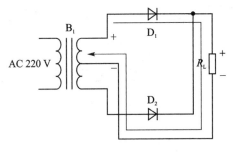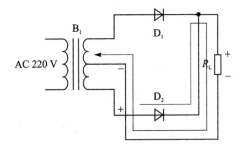

图 3-33　$0\sim\pi$ 之间电流流向　　　　　　图 3-34　$\pi\sim2\pi$ 之间电流流向

设变压器 B_1 次级电压有效值为 E,理想状态下负载 R_L 两端的电压计算公式为

$$U_{R_L} = 2\frac{\sqrt{2}}{\pi}E$$

整流二极管 D_1 和 D_2 承受的反向峰值电压为:$U_D = 2\sqrt{2}E$

变压器中心抽头式全波整流电路:每个整流二极管上流过的电流只是负载电流的一半,比半波整流小一半。

3. 桥式整流电路

由于变压器中心抽头式全波整流电路整流二极管 D_1 和 D_2 承受的反向峰值电压较高,容易被击穿,于是出现了一种桥式整流电路。这种整流电路使用普通的变压器,但是比全波整流多用了两个整流二极管。由于四个整流二极管连接成电桥形式,所以这种整流电路被称为桥式整流电路,如图 3-35 所示。

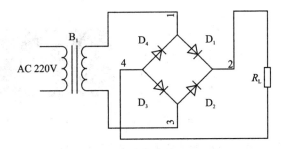

图 3-35　桥式整流电路

由图 3-36(a) 可以看出:在电源正半周时,B_1 次级上端为正,下端为负,整流二极管 D_1 和 D_3 导通,电流由变压器 B_1 次级上端经过 D_1、R_L、D_3 回到变压器 B_1 次级下端;由图 3-36(b) 可以看出在电源负半周时,B_1 次级下端为正,上端为负,整流二极管 D_2 和 D_4 导通,电流由变压器 B_1 次级下端经过 D_2、R_L、D_4 回到变压器 B_1 次级上端。R_L 两端的电压始终是上正下负,其波形与变压器中心抽头式全波整流一致,如图 3-32 所示。

设 B_1 次级电压为 E,理想状态下负载 R_L 两端的电压计算公式为

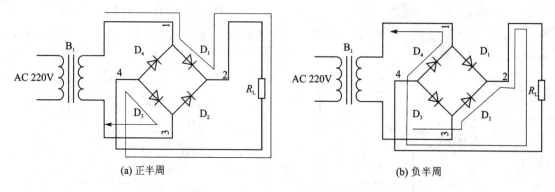

(a) 正半周   (b) 负半周

图 3－36　电源正负半周时电流流向

$$U_{R_{\mathrm{L}}} = 2\frac{\sqrt{2}}{\pi}E = 0.9E$$

整流二极管 D_1 和 D_2 或 D_3 和 D_4 承受的反向峰值电压为

$$U_{\mathrm{D}} = \sqrt{2}E$$

桥式整流电路的输出电压为电源电压有效值的 0.9 倍,每个整流二极管上流过的电流是负载电流的一半,这两点与变压器中心抽头式全波整流相同,但整流二极管承受的反向峰值电压为电源电压有效值的 1.41 倍,比变压器中心抽头式全波整流小了一倍。所以,桥式整流电路应用非常广泛。

通常情况下桥式整流电路会简化成图 3－37(a)所示的形式,4 个整流二极管集成在一个器件中,这个器件称为整流桥或硅堆,其实物如图 3－37(b)所示。整流桥有 4 个引脚,2 个接 220 V 电压或电源变压器次级交流输入,还有 2 个引脚是直流电压的正、负输出端,接滤波和稳压电路。

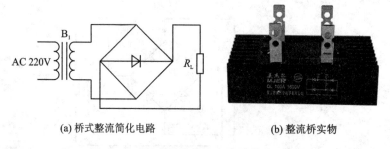

(a) 桥式整流简化电路   (b) 整流桥实物

图 3－37　桥式整流简化电路及整流桥实物

二、滤波电路

整流电路输出的是脉动的直流电压,这种电压除了含有直流分量外,还含有不同频率的交流分量,称为纹波电压,这样的电压远不能满足大多数电子设备对电源的要求。因此,要在整流电路之后加入滤波电路滤除脉动电压中的交流成分,提高其平滑性。滤波电路一般由电容、电感以及电阻元件组成。

常见的滤波电路的类型有:电容滤波、电感滤波和复式滤波三种,复式滤波又有 Γ 型滤波和 Π 型滤波之分,如图 3－38 所示。

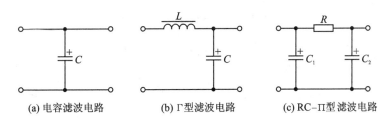

(a) 电容滤波电路　　(b) Γ型滤波电路　　(c) RC-Π型滤波电路

图 3 - 38　滤波电路的不同类型

1. 电容滤波电路

电容滤波器实质上是一个与整流电路负载电阻并联的电容器,图 3 - 39 所示是一个具有电容滤波器 C 的半波整流电路。当电路接通电源后,u_2 的正半周由零逐渐增大时,二极管 D 导通,电流通过 D 流向负载 R_L,同时向电容 C 充电蓄能,电容端电压 u_c 的极性为上正下负。

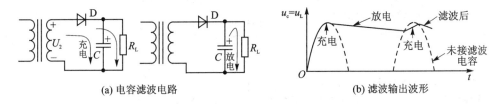

(a) 电容滤波电路　　　　　　(b) 滤波输出波形

图 3 - 39　电容滤波电路的工作示意图

考虑到二极管正向内阻很小,变压器次级绕组电阻也很小,u_c 迅速(充电时间 τ 很短)跟随 u_2 到达峰值,u_2 达峰值后开始下降,而电压 u_c 也将由于放电而逐渐下降。当 $u_2<u_c$ 时,二极管截止,于是 u_c 以一定的时间常数按指数规律下降,给负载 R_L 放电,直到下一个正半周来到;当 $u_2>u_c$ 时,二极管又导通,输出电压如图 3 - 39(b)中实线所示,虚线部分的波形表示未加滤波器时半波脉动直流电压波形。

电容滤波电路提高了输出电压的直流部分,降低了输出电压的脉动成分。若电容容量越大,存储电荷越多,脉动就越少,输出直流电压越大。负载电阻越大,放电越慢,脉动越少、输出直流电压越大。即 R_L 和 C 越大,脉动越小,输出的直流电压越大。因此,电容滤波电路适用于负载电流较小,且负载电流变化不大的场合。电容放电时间常数越大,二极管导通时间越短,电流对整流管冲击越大,因此,选择整流二极管时,二极管的最大整流电流一定要较大。

2. 电感滤波电路

在负载需要输出较大电流或者负载变化大,又要求输出电压比较稳定的场合,电容滤波将无法满足要求,这时可采用电感滤波(滤波电感与负载相串联)。电感滤波电路如图 3 - 40 所示。

利用储能元件电感器 L 的电流不能突变的特点,在整流电路的负载回路中串联一个电感,使输出电流波形较为平滑。因为电感对直流的阻抗小,交流的阻抗大,因此能够得到较好的滤波效果而直流损失小。电感滤波缺点是体积大,成本高。

三、稳压电路

经整流滤波后输出的直流电压,虽然平滑程度较好,但其稳定性仍比较差。其原因主要有以下几个方面:①由于输入电压不稳定(通常交流电网允许有±10%的波动),而导致整流滤波电路输出直流电压不稳定;②由于整流滤波电路存在内阻,当负载变化时,引起负载电流发生

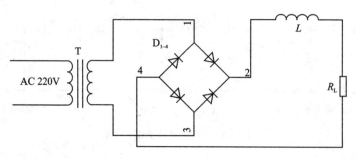

图 3 - 40　电感滤波电路

变化,使输出直流电压发生变化;③由于电子元件的参数与温度有关,当环境温度发生变化时,引起电路元件参数发生变化,导致输出电压发生变化;④整流滤波后得到的直流电压中仍然会有少量纹波成分,不能直接供给那些对电源质量要求较高的电路。所以整流滤波后的直流电还不能够供应给电子设备,还需要用直流稳压电路进行稳压。

直流稳压电路的作用是将不稳定的直流电压变换成稳定的直流电压。直流稳压电路按照调整的工作状态可分成线性稳压电路和开关稳压电路两大类,线性稳压电路主要包括并联型稳压电路和串联型稳压电路两种。前者的特点是简单易行,但转换效率低、体积大;后者的特点是体积小,转换效率高,但是控制电路较复杂。随着自关断电力电子器件和电子集成电路的迅速发展,开关电源已得到越来越广泛的应用。

1. 并联型稳压电路

并联型稳压电路是在整流滤波之后,在负载中串联限流电阻、在负载两端并联硅稳压二极管而成的。其核心元件是硅稳压二极管,由于硅稳压二极管与负载并联,所以又称并联型稳压电路。

硅稳压管稳压电路如图 3-41 所示。其中 D_1 是稳压二极管,R_1 是限流电阻,R_2 是负载。由于 D_1 与 R_2 并联,所以称并联稳压电路。此电路必须接在整流滤波电路之后,上端为正,下端为负。由于稳压管 D_1 反向导通时,两端的电压总保持固定值,所以在一定条件下 R_2 两端的电压值也能够保持稳定。

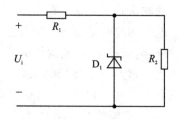

图 3 - 41　硅稳压管稳压电路

假设输入电压为 U_i,当某种原因导致 U_i 升高时,U_{D_1} 相应升高。由稳压管的特性可知,U_{D_1} 上升很小都会造成 I_{D_1} 急剧增大,这样流过 R_1 的 I_{R_1} 电流也增大,R_1 两端的电压 U_{R_1} 会上升,R_1 就分担了极大一部分 U_i 升高的值,U_{D_1} 就可以保持稳定,达到负载上电压 U_{R_2} 保持稳定的目的。这个过程可用下面的变化关系表示。

$$U_i \uparrow \rightarrow U_{D_1} \uparrow \rightarrow I_{D_1} \uparrow \rightarrow I_{R_1} \uparrow \rightarrow U_{R_1} \uparrow \rightarrow U_{D_1} \downarrow$$

相反,如果 U_i 下降时,可用下面的变化关系表示。

$$U_i \downarrow \rightarrow U_{D_1} \downarrow \rightarrow I_{D_1} \downarrow \rightarrow I_{R_1} \downarrow \rightarrow U_{R_1} \downarrow \rightarrow U_{D_1} \uparrow$$

因此,硅稳压管稳压电路中,D_1 负责控制电路的总电流,R_1 负责控制电路的输出电压,整个稳压过程由 D_1 和 R_1 共同作用完成。

并联型稳压电路虽然电路简单、成本低,但在负载变化较大时,稳压效果不够理想。因此,并联型稳压电路只用在对电源要求不高,且负载变化不大的场合。

2. 串联负反馈稳压电源

串联负反馈稳压电路如图 3-42 所示,其中 T1 是调整管,D 和 R_2 组成基准电压,T2 为比较放大器,$R_3 \sim R_5$ 组成取样电路,R_L 是负载。

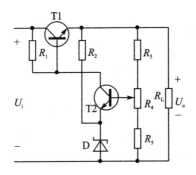

图 3-42　串联负反馈稳压电路

假设由于某种原因引起输出电压 U_o 降低时,通过 $R_3 \sim R_5$ 的取样电路,引起 T2 基极电压 U_{B2} 成比例下降,由于 T2 发射极电压 U_{E2} 受稳压管 D 的稳压值控制保持不变,所以 T2 发射结电压 U_{BE2} 将减小,于是 T2 基极电流 I_{B2} 减小,T2 发射极电流 I_{E2} 跟随减小,T2 管压降 U_{CE2} 增加,导致其集电极电压 U_{C2} 上升,即调整管 T1 基极电压 U_{B1} 将上升,T1 管压降 U_{CE1} 减小,使输入电压 U_i 更多的加到负载上,这样输出电压 U_o 就上升。这个调整过程可以使用下面的变化关系表示。

$U_o \downarrow \to U_{B2} \downarrow \to U_{E2}$ 恒定 $\to U_{BE2} \downarrow \to I_{B2} \downarrow \to I_{E2} \downarrow \to U_{CE2} \uparrow \to U_{C2} \uparrow \to U_{B1} \uparrow \to U_{CE1} \downarrow \to U_o \uparrow$

当输出电压升高时,整个变化过程与上面完全相反,表示为

$U_o \uparrow \to U_{B2} \uparrow \to U_{E2}$ 恒定 $\to U_{BE2} \uparrow \to I_{B2} \uparrow \to I_{E2} \uparrow \to U_{CE2} \downarrow \to U_{C2} \downarrow \to U_{B1} \downarrow \to U_{CE1} \uparrow \to U_o \downarrow$

在串联负反馈稳压电路的整个稳压控制过程中,由于增加了比较放大电路 T2,输出电压 U_o 的变化经过 T2 放大后再去控制调整管 T1 的基极,使电路的稳压性能得到增强。T2 的 β 值越大,输出的电压稳定性越好。

$R_3 \sim R_5$ 是取样电路,由于取样电路并联在稳压电路的输出端,而取样电压实际上是通过这三个电阻分压后得到。在选取 $R_3 \sim R_5$ 的阻值时,可以通过选择适当的电阻值来使流过分压电阻的电流远大于流过 T2 基极的电流。也就是说可以忽略 T2 基极电流的分流作用,这样就可以用电阻分压的计算方法来确定 T2 基极电压 U_{B2}。

当 R_4 滑动到最上端时,T2 基极电压 U_{B2} 为

$$U_{B2} = \frac{R_4 + R_5}{R_3 + R_4 + R_5} U_o$$

此时,输出电压为

$$U_o = \frac{R_3 + R_4 + R_5}{R_4 + R_5} U_{B2}$$

$$U_o = \frac{R_3 + R_4 + R_5}{R_4 + R_5} (U_{BE2} + U_{D1})$$

这时的输出电压是最小值。

当 R_4 滑动到最下端时,T2 基极电压 U_{B2} 为

$$U_{B2} = \frac{R_5}{R_3 + R_4 + R_5} U_o$$

此时,输出电压为

$$U_o = \frac{R_3 + R_4 + R_5}{R_5} U_{B2}$$

$$U_o = \frac{R_3 + R_4 + R_5}{R_5}(U_{BE2} + U_{D1})$$

这时的输出电压是最大值。

以上计算中,当$(U_{BE2}) \ll U_{D1}$时可以忽略(U_{BE2})的值。

通过上面的计算可以看出,只要选择合适的 R3～R5 的阻值就可以控制输出电压 U_o 的范围,改变 R3 和 R5 的阻值就可以改变输出电压 U_o 的边界值。

3. 三端集成稳压电路及应用

随着半导体工艺的发展,稳压电路也制成了集成器件。采用集成稳压器可减少电子设备的体积及重量,并降低成本。集成稳压器本身不能产生功率,只能控制输入端功率的大小,使供给负载的输出电压不变。集成稳压器具有输出电流大,输出电压高,体积小,可靠性高等优点,在电子电路中应用广泛。

(1) 集成稳压电路的分类

按照输出电压可以分为:① 固定稳压电路,这类器件的输出电压是预先调整好的;② 可调式稳压电路,这类器件可通过调节使输出电压在较大范围内变化。

按照输出电压的正负极性可分为输出正电压的稳压器和输出负电压的稳压器。

按照外部结构可分为三端(引脚只有三个)、多端(引脚超过三个),以三端式应用最广,其中以小功率三端集成稳压器应用最广泛。

(2) 固定式三端稳压电源

固定式三端稳压电源型号为 CW78XX 或 CW79XX,其含义如下:

CW 表示稳压电源,同型号稳压电源还有 LM、MC、μA、μPC、TA 等,字母不同只是表示由不同的国家或企业生产,而他们的性能参数、用法是相同的,可以替换。

78 表示输出正电压,79 表示输出负电压。

XX 表示输出电压值,输出电压有 5 V、6 V、9 V、12 V、15 V、18 V、24 V 等。

三端集成稳压电源的额定输出电流以 78 或 79 后面所加字母来区分。L 表示 0.1 A,M 表示 0.5 A,无字母表示 1.5 A。例如 CW7805 表示输出电压为正 5 V,额定输出电流为 1.5 A 的三端集成稳压电源;CW78L12 表示输出电压为正 12 V,额定输出电流为 0.1 A 的三端集成稳压电源;CW79M06 表示输出电压为 -6 V,额定输出电流为 0.5 A 的三端集成稳压电源。

其中,公共端:COM;输入端:U_I;输出端:U_o。

三端集成稳压电源有金属和塑料两种封装方式,如图 3 - 43 所示,图 3 - 43(a)所示为 TO - 220(金属壳封装),图 3 - 43(b)所示为 TO - 3(塑料封装)。常见 78 型和 79 型三端集成稳压器的封装和引脚标示如图 3 - 44 所示。

78 和 79 系列集成稳压器的应用电路如图 3 - 45 所示,其中输入端电压至少比输出端电压高 3 V。

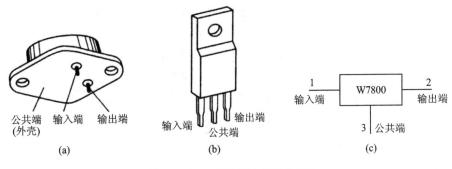

图 3-43　三端稳压电源的外形

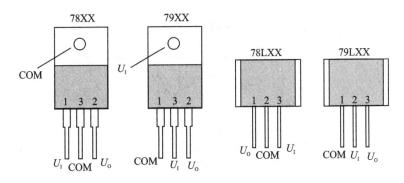

图 3-44　常见三端集成稳压器

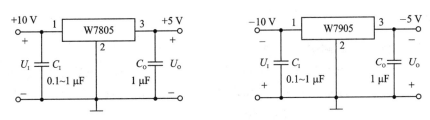

图 3-45　78 和 79 系列三端稳压器的应用电路

（3）可调式三端稳压电源

可调式三端稳压电源是在三端固定式稳压电源基础上发展起来的一种性能更为优异的集成稳压组件。它可以用少量外接元件,实现大范围的输出电压连续调节(调节范围为 1.25～37 V),应用更为灵活。

可调式三端稳压电源有输出正电压的 CW117 XX、CW217 XX、CW317XX 系列和输出负电压的 CW137 XX、CW237 XX、CW337XX 系列。同一系列的内部电路和工作原理基本相同,只是工作温度不同。同样根据额定输出电流的大小,每个系列又分为 L 型系列($I_O \leqslant 0.1$ A)、M 型系列($I_O \leqslant 0.5$ A),如果不标 M 或 L,则表示该器件的 $I_O \leqslant 1.5$ A。

图 3-46 是三端可调输出集成稳压器的封装图,其中 ADJ 为电压调整端;当输入电压在 2～40 V 范围内变化时,电路均能正常工作,输出端与调整端之间的电压等于基准电压 1.25 V。V_1 用于防止输入短路时,C_2 上存储的电荷产生的大电流反向流入稳压器使之损坏。图 3-47 所示为三端可调式稳压器的应用电路。

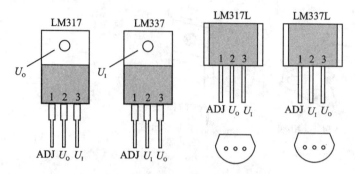

图 3 - 46　三端可调输出集成稳压器

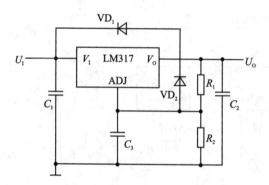

图 3 - 47　三端可调式稳压器的应用电路

任务实施

1. 整流滤波电路仿真测试

① 按图 3 - 48 所示电路图,在"proteus"软件中画出半波整流、电容滤波仿真电路图。将交流电压源的频率设置为 50 Hz、幅度 AMP 设置为 14.14 V(有效值为 10 V),将开关 S 断开。

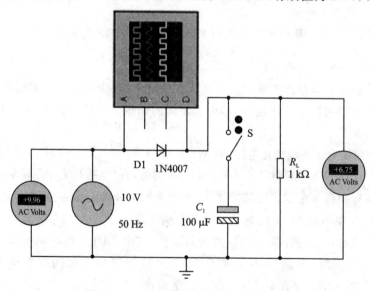

图 3 - 48　半波整流、电容滤波仿真电路

单击"运行"按钮,观察两交流电压表 V_i、V_o 和示波器输入 V_A 的读数、输出 VD 波形,并填入表 3-4 中。

表 3-4 整流滤波电路仿真测试表

电路状态		V_i	V_o	V_A	f_A	VD 的名称或特点
半波整流	S 断开					
	S 闭合					
桥式整流	S 断开					
	S 闭合					

② 闭合开关 S,观察电压表读数和示波器波形并填入表 3-4 中。比较两个 VD 波形,根据整流、滤波电路的工作原理,写出输出信号 VD 的名称或特点。半波整流电路输入、输出波形如图 3-49 所示。

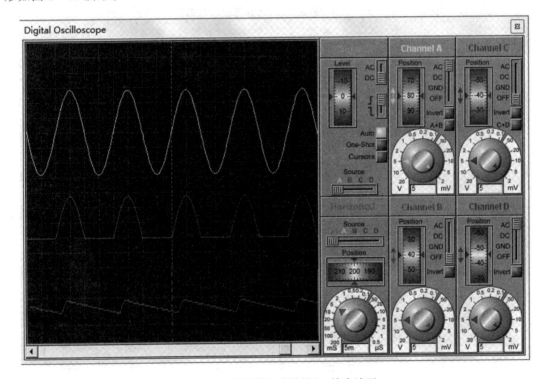

图 3-49 半波整流电路输入、输出波形

③ 将半波整流改为桥式整流,可用 4 个整流二极管 1N4007,也可用 1 个整流桥(Bridge),但须去掉接地符号,其余不变,如图 3-50 所示,在软件中画出其仿真电路图。

④ 先断开开关 S,单击"运行"按钮,观察两交流电压表 V_i、V_o 的读数和示波器输入 V_A、输出 V_D 波形,并填入表 3-4 中。再闭合开关 S,观察电压表读数和示波器波形并填入表 3-4 中。比较这两个 V_D 波形,说出其名称或特点。桥式整流电路输入、输出波形如图 3-51 所示。

⑤ 比较半波整流和桥式整流的输出波形 V_D,经电容滤波后,哪个更平滑?为什么?

⑥ 桥式整流电路中,如果一个二极管开路,电路将_____;如果一个二极管短路,电路

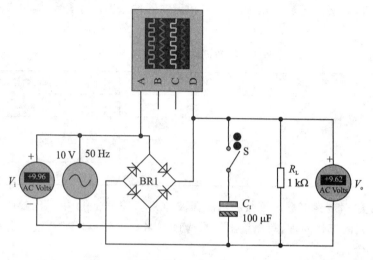

图 3 - 50　桥式整流、电容滤波仿真电路

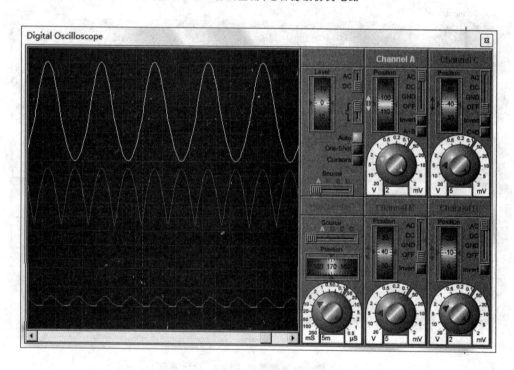

图 3 - 51　桥式整流电路输入、输出波形

将_____;如果一个二极管反接,电路将_____。

2. 集成稳压电路仿真

①　在桥式整流、电容滤波电路的后面接三端集成稳压器 78L05,再接 10 μF 滤波电容,如图 3 - 52 所示,在软件中画出其仿真电路。

②　将交流电源的频率设为 50 Hz,幅度 $V_{\text{im}}(\sqrt{2}V_1)$ 分别设为 3 V、5 V、10 V、20 V、50 V。单击"运行"按钮,观察三个电压表 V_1、V_2、V_3 的读数后填入表 3 - 5 中。

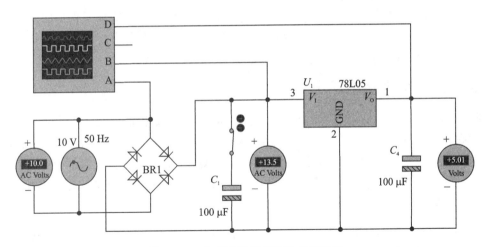

图 3－52 集成稳压器 78L05 仿真电路

表 3－5 集成稳压器 78L05 仿真测试表

V_{im}/V	V_1/V	V_2/V	V_3/V
3			
5			
10			
20			
50			

③ 观察 V_A、V_B 和 V_D 三个波形,说出其名称和特点。集成稳压器 78L05 仿真波形如图 3－53 所示。

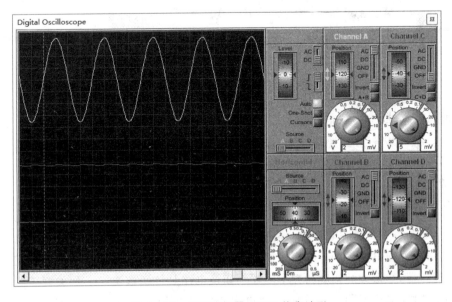

图 3－53 集成稳压器 78L05 仿真波形

④ 根据表 3-5,可得出结论:当 $V_1 =$ _____时,输出端电压 U_0 能实现稳压。

⑤ 将三端集成稳压器 78L05 改成 79L09,设计并画出该仿真电路。再将交流电源幅度改为 20 V,观察仿真运行结果:$V_3 =$ _____。

3.1.3 手机充电器电路分析

线性稳压电源虽然电路结构简单、工作可靠,但存在着效率低(只有 40%~50%)、体积大、成本高,工作温度高及调整范围小等缺点。为了提高效率,人们研制出了开关式稳压电源,它的效率可达 85% 以上,具有稳压范围宽,稳压精度高,不使用电源变压器等特点,是一种较理想的稳压电源。因此,开关式稳压电源已广泛应用于手机充电器等各种电子设备中。

一、开关电源基本组成

开关电源在不同的使用场合下种类有所不同,但其基本组成是相同的。电源开关一般主要由输入整流滤波电路、频率变换电路、开关变压器、输出整流滤波电路、取样电路和脉宽控制电路组成,如图 3-54 所示。

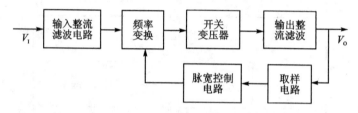

图 3-54 开关电源基本组成框图

① 输入整流滤波电路:将交流电(通常为 220 V)转变为脉动直流电,经滤波变为较平滑的直流电,给频率变换等电路供电。

② 频率变换电路:频率变换电路实际上是一个以三极管或场效应管为核心的多谐振荡器,用以产生一定幅度和频率的矩形波,给开关变压器提供输入信号。

③ 开关变压器:由于开关变压器输入的是一定幅度和频率的矩形波,因此,在输出端不能得到频率相同、幅度不同的矩形波信号,幅度的大小由开关变压器的匝数比决定。

④ 输出整流滤波电路:开关变压器输出的一定频率和幅度的矩形波,经输出整流滤波电路,变为一定幅度的直流电。

⑤ 取样电路:取出某一能反映输出电压大小的信号,送给脉宽控制电路。

⑥ 脉宽控制电路:脉宽控制电路实际上是一个比较放大电路,将取样信号和基准电压进行比较,放大后去控制频率变换电路中的三极管或场效应管的开关时间,即控制矩形波的占空比,从而改变输出电压的大小,实现自动稳压。

二、开关电源的基本工作原理

220 V 市电经整流滤波电路后,变为 300 V 左右的较平滑的直流电,通过开关变压器的一次绕组,给频率变换电路供电。频率变换电路工作在开关状态,产生幅度和频率一定的矩形波送给开关变压器,矩形波的幅度和频率由频率变换电路具体参数决定。开关变压器二次绕组感应出频率相同、幅度不同的矩形波,其幅度由开关变压器的变比决定,经输出整流滤波后,得到幅度一定的直流电压作为输出。取样电路从输出端或开关变压器三次绕组端取出能反映输出电压大小的某一信号,送给脉宽控制器,去控制频率变换电路的开关时间,也就控制了矩形波高电平在整个周期中的占比,即改变了输出电压的大小,实现了自动稳压。

开关电源输出直流电压 U_O 的大小由开关变压器二次绕组感应出的矩形波的幅度 U_m 及其占空比共同决定,如图 3-55 所示。对于单极性矩形脉冲来说,其直流平均电压 U_O 取决于矩形脉冲的幅度 U_m 和占空比 q。矩形脉冲高电平的时间在整个周期中占比叫占空比,用 q 表示。

$$q = \frac{T1}{T} \times 100\%$$

式中,T 为矩形脉冲周期;T1 为矩形脉冲高电平的宽度。

矩形脉冲的占空比如图 3-55 所示。

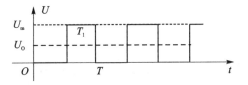

图 3-55　矩形脉冲的占空比

于是,输出直流平均电压 U_O 可由公式 $U_O = U_m \times q = U_m \times T_1/T$ 计算得出。

可见,输出电压 U_O 与脉冲宽度 T_1 成正比。这样,只要设法使脉冲宽度随稳压电源输出电压的增高而变窄,就可以达到稳定电压的目的。

三、一款常见的手机充电器

图 3-56 所示是一款常用的已量产的手机充电器,实际上是一个开关直流稳压电源,其原理电路如图 3-57 所示。

当接通电源后,220 V 交流通过 D_3 整流、C_1 滤波,通过电阻 R_1 给三极管 Q_1 提供基极启动电流,使 Q_1 开始导通,其集电极电流 I_C 线性增长,在 L_2 中感应出使 Q_1 基极为正、发射极为负的正反馈电压,通过 C_3 和 R_3,送到 Q_1 基极,使 Q_1 迅速饱和。与此同时,感应电动势给电容 C_3 充电,随着 C_3 电压升高,Q_1 基极电位逐渐下降,I_C 开始减小,在 L_2 中感应出使 Q_1 基极为负,发射极为正的电压,使 Q_1 迅速截止,完成一个振荡

图 3-56　一款常用的手机充电器

周期,在 Q_1 截止期间,在 L_3 绕组感应出一个 5 V 左右的交流电压。此后,C_3 逐渐放电,Q_1 基极电压逐渐升高,从而开始第二个周期,不断循环。

L_3 输出电压经 D_6 整流、C_4 滤波后通过 USB 座给负载供电。LED 和 R_5 组成输出指示电路。

Z_1、IC、Q_2 等组成取样比较电路,检查输出电压的高低。当负载变轻或电源电压升高等原因导致输出电压升高时,Z_1 击穿,IC 中发光二极管电流增大,IC 中光敏三极管电流增大。L_2 反馈绕组中的感应电压经 IC 中的光敏三极管到 Q_2 基极,Q_2 基极电流增大,集电极电流增大,Q_1 基极电流减小,集电极电流减小,负载能力变小,从而导致输出电压降低。当输出电压降低

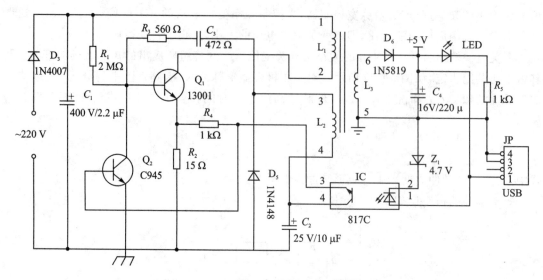

图 3 - 57   一款常用手机充电器原理图

后,Q_2 取样后又会截止,Q_1 的负载能力变强,输出电压升高,这样起到自动稳压作用。D_5 为 L_2 绕组输出电压整流二极管,C_2 为滤波电容。

本电路设计有过流过载保护功能,当负载过载或者短路时,Q_1 的集电极电流增大,Q_1 的发射极电阻 R_2 上产生较高的压降,这个过载或者短路产生的高电压经过 R_4 使 Q_2 饱和导通,从而使 Q_1 截止,停止输出,防止过载损坏。因此,改变 R_2 的大小,可改变负载能力。如果要让输出电流减小,可将 R_2 改大。如果将输出电流改大,可将 R_2 改小。注意:R_2 改小将增大 Q_1 烧坏的可能性。如果需要大电流输出,建议更换 Q_1 为 13003 或者 13007 中大功率三极管。

学习任务 3.2   手机充电器的装配与调试

任务引入

目前市场上的手机充电器绝大部分都是开关型直流稳压电源,不同的手机配不同的充电器。各种手机充电器的辅助电路各不相同,输出电流也有所差异,但电路基本组成和基本工作原理是相同的,输出电压也是一样的。

本项目采用的是一款比较成熟的已量产的手机充电器,可购买其散件套装自行安装。

学习目标

① 会正确使用万用表,能检测电阻、电容、开关变压器、二极管、三极管和光耦等元器件的好坏,能判别电阻的阻值和二极管的正负极。

② 会正确使用电烙铁,能对照电路原理图安装手机充电器。

③ 会正确使用示波器,能测试直流稳压电路的输出波形图,能排除电路故障。

任务必备知识

3.2.1   手机充电器元器件检测

在电路焊接装配之前,应对所有待装元件进行检测,以确保元器件完好无损。表 3 - 6 所列为本项目的元器件清单。

表 3 - 6   本项目元器件清单

序　号	名　称	规　格	数　量	安装位	备　注
1	五色环电阻	15 Ω	1	R_2	
2	五色环电阻	560 Ω	1	R_3	
3	五色环电阻	1 kΩ	2	R_4、R_5	
4	五色环电阻	2 MΩ	1	R_1	
5	瓷片电容	472	1	C_3	
6	电解电容	2.2 μF\400 V	1	C1	
7	电解电容	10 μF\25 V	1	C_2	
8	电解电容	220 μF\16 V	1	C_4	
9	普通二极管	1N4148	1	D_5	
10	整流二极管	1N4007	1	D_3	
11	肖特基二极管	1N5819	1	D_6	
12	稳压二极管	4.7 V	1	Z_1	
13	发光二极管	ϕ3 红色	1	LED	
14	开关三极管	13001	1	Q_1	高频小功率耐高压
15	高频三极管	C945	1	Q_2	用于放大
16	开关变压器		1	T_1	
17	光电耦合器	817C	1	IC_1	
18	USB 接口		1	JP	
19	PCB 板	56DZ - 8	1	—	

一、色环电阻的检测

1. 色环电阻的识别

色环电阻的识别方法如项目 1 学习情境 1 中所述。本项目采用的 5 个电阻均为五色环电阻。

① 根据本项目原理图(3 - 57)或元器件清单中 $R_1 \sim R_5$ 的顺序,把每个电阻的标称阻值按顺序填入表 3 - 7 中。

表 3 - 7   色环电阻测试表

序　号	编号	标称阻值	色环顺序	读　数	测量值	测量结果
1	R_1					
2	R_2					
3	R_3					
4	R_4					
5	R_5					

② 把每个电阻的 5 条色环按顺序填入表 3－7 中。

③ 根据色环顺序,读出每个电阻的阻值和偏差,填入表 3－7 中。

电阻的电位可用 Ω、kΩ 或 MΩ 表示,Ω 可省略。如,47Ω 可写成 47,4 700 Ω 可写成 4.7 k, $47×10^4$ Ω 可写成 470 k,$47×10^5$ Ω 可写成 4.7 M。

允许偏差要用正负百分比表示,五色环电阻的最后一环表示偏差,多为棕色,如相对误差为 $±1\%$,应填写为 $47×(1±1\%)$,4.7 k$×(1±1\%)$ 等。

④ 将读数与标称阻值进行比较,判断识别是否正确。在不计偏差的情况下,若两者一致,说明识别正确;若两者不一致,说明识别有误,应找出错误原因,如色环顺序错误、色环颜色错误、计算错误等,然后重新填写。

2. 色环电阻的检测

用指针式万用表或数字式万用表都可对色环电阻进行检测,本项目以数字式万用表为例。

① 正确选择数字万用表电阻挡的量程,使量程略大于被测值,即被测值小于 200 Ω 时应调至 200 Ω 挡,小于 2 kΩ 时应调至 2 kΩ 挡,依此类推,这样测量结果会比较准确。如果被测值未知,可任选中间一挡(如 20 kΩ 挡),若显示值为"1"或"OL",表示溢出,即被测值大于所选挡位 20 kΩ,可增大挡位再测;若显示值为零点几千欧或零点零几千欧,应减小挡位再测。

② 固定色环电阻,测量其阻值并填表。色环电阻可平放在桌上,两手各拿一表笔进行测量;也可用插入 PCB 板使其固定的方法进行测量;还可一手握住电阻 1 个引脚,另一手同时拿两个表笔(像拿筷子一样)进行测量。

③ 将测量值与标称电阻进行比较,判断测量结果,并填入表 3－6 中。

a. 若两者数值相差不大,在允许偏差范围内,则填写"正常"或打"√"。如标称阻值为 100 Ω、允许偏差为 $±1\%$ 的电阻,则允许的绝对误差为 $±10$ Ω。若 90 Ω＜测量值＜110 Ω,则填写正常。

b. 若两者数值相差较大,不在允许偏差范围内,则应先找到相差较大的两种具体原因。原因 1:存在测量误差,如测量仪器不够准确、测量方法不够科学等,这时应更换仪器重新测量,但要保证测量方法正确;原因 2:电阻损坏,在保证测量方法正确的情况下,若更换两台或两台以上的仪器重新测量,但结果都超出偏差范围,则可判断为电阻损坏,结果填写"已损坏"。若找不到原因,结果可填写"不正常"。

二、电容器检测

1. 电容器类型判别

① 电容器按材料可分为:瓷介(瓷片)电容、涤纶电容、聚丙烯(CBB)电容、独石电容、钽电容、电解电容等,如图 3－58 所示。

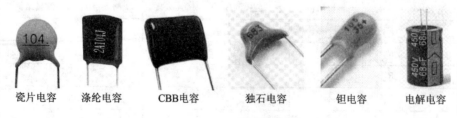

图 3－58　各种常用电容器实物图

② 对照原理图和实物,判别本项目中 4 个电容的类型,填入表 3 – 8 中。

表 3 – 8　电容器测试表

序　号	编　号	类　型	标称容量	读　数	测量值	测量结果
1	C_1					
2	C_2					
3	C_3					
4	C_4					

2. 电容器容量识别

① 电容器的标称容量常用两种方式标注在电容体上,一种是有效数字法,另一种直标法,如图 3 – 58 所示。电容器容量的国际单位是法拉,用 F 表示,常用单位是微法(μF)、纳法(nF)和皮法(PF),$1\ F = 10^{6}\ \mu F = 10^{9}\ nF = 10^{12}\ pF$。

有效数字法是在电容体上用 3 位数字标注容量的方法,常用于瓷片电容、CBB 电容等容量较小的电容上。其中,前 2 位是有效数字,第 3 位是倍率,默认单位是 pF。如"104"的容量是 $10 \times 10^{4}\ pF = 100\ nF$。

直标法是在电容体上直接标注容量的方法,多用于电解电容等容量和体积较大的电容上,常用的单位是 μF,如 10 μF、220 μF 等。

② 对照实物和原理图,将标称容量和读数填入表 3 – 7 中。其中,标称容量是直接标在电容体上的容量值,读数是标称容量经换算后的值。如标注"104",则标称容量填 104,读数填 100 nF。

3. 电容器测量

① 用指针式万用表测量。对于 5 nF 以下的小容量电容,不能用指针表直接测量;5 nF 以上的电容用 $R \times 10\ k$ 挡测量;100 μF 以上的电容用 $R \times 1\ k$ 挡测量。选好挡位后,万用表应先调零。对有极性的电容,因万用表黑笔接内部电源正极,是高电平,因此黑笔接电容器正极、红笔接负极的接法称为正接。正接时,若指针右偏且速度很快,偏转越多说明容量越大;若指针左偏且越偏越慢,最终回到左边靠近∞处,说明该电容漏电阻大,漏电小。将电容两引脚相碰,反接再测,若整个过程与正接相似,只是回不到最左∞处,说明电容性能正常,且反接时漏电更大,使用时应正接。这时可在电容器测试表的"测量值"一栏中填写正接时指针偏转到最右时对应的阻值,"测试结果"一栏填正常。

② 用数字式万用表测量。数字万用表型号较多,有电容挡的万用表有 20 nF、200 nF、2 μF、20 μF、200 μF 等挡位,没有电容挡的万用表则无法直接测出容量。数字万用表的红笔是高电平,它接电容正极时为正接。选择合适的量程(挡位),让电容正接,这时可测出电容的容量,将其填入表 3 – 7 中。

三、二极管检测

1. 二极管类型判别

① 检波二极管。检波二极管又称普通二极管,常用型号为 1N4148,呈圆柱体、红色、轴式、半透明状,是点接触、小信号二极管,有黑环的一端是负极。

② 整流二极管。常用的型号是 1N4001~1N4007,呈圆柱体、黑色、轴式、不透明状,是面

接触、大信号二极管,有白环的一端是负极。

③ 肖特基二极管。肖特基二极管是一种快恢复二极管,也叫开关二极管。常用的型号有1N5817、1N5819 等。插件的肖特基二极管外形跟整流二极管相似。

④ 稳压二极管。稳压二极管的外形跟检波二极管相似,常用的型号有 3.3 V、4.7 V、5.1 V、7.5 V、15 V 等。

⑤ 发光二极管。发光二极管简称 LED,也有插件和贴片之分。插件发光二极管的规格常用直径和颜色表示。直径用 $\Phi3$ 表示 3 mm,还有 $\Phi5$、$\Phi8$ 等。颜色有红、黄、绿、蓝等。根据二极管实物,对照原理图,将规格和类型填入表 3-9 中。

表 3-9 二极管测试表

序 号	编 号	规 格	类 型	好 坏	测量值/mV	导通电压/V	材 料	极性标志
1	D_3							
2	D_5							
3	D_6							
4	Z_1							
5	LED							

2. 二极管检测

① 好环判别。将数字万用表打到二极管挡,测二极管的正反向压降。在两次测量中,若有 1 次有读数,另 1 次显示"1"或"OL",说明二极管正常,否则说明二极管已损坏。

② 极性判别。在①的测量中,对于有读数的 1 次测量,红笔接的是二极管的正极,说明这时的二极管处于导通状态。在"极性标志"栏中画出其形状,并标出正负极。

③ 材料判别。在①的测量中,对于有读数的 1 次测量,若显示的数值小于 400(mV),则说明是锗材料;若大于 400(mV),则说明是硅材料。例如:显示值为 650,则说明该二极管是用硅材料做的,且导通电压是 0.65 V。将测量值、导通电压和材料填入表 3-9 中。

四、三极管检测

1. 好坏和材料判别

① 将数字万用表打到二极管挡,分开三极管的 3 个引脚,使之间距变大。用红黑表笔测量 3 个引脚中任意 2 个引脚的正反向压降,共进行 6 次测量。

② 在这 6 次测量中,若 2 次有读数,其余 4 次显示"1"或"OL",说明该三极管是好的。否则说明三极管已损坏。

③ 在 2 次有计数的测量中,若测量值小于 400,说明该三极管是用锗材料做的;若测量值大于 400,则说明该三极管是用硅材料做的。

④ 根据测量,对照实物和原理图,将规格、好坏、测量值和材料填入表 3-10 中。

表 3-10 三极管测试表

序 号	编 号	规 格	好 坏	测量值	材 料	类 型	引脚排列
1	Q_1						
2	Q_2						

2. 引脚排列判别

① 在上面有读数的 2 次测量中,若红笔在同一电极(没有移动),则说明该电极为基极 B,且该三极管的类型是 NPN 型的。若黑笔在同一电极(没有移动),则说明该电极也为基极 B,且该三极管的类型是 PNP 型的。

② 将万用表打到 h_{FE} 挡,根据上面测得的三极管的类型,将基极对准插孔"B",把其余 2 个电极也插入相应的插孔(先不管顺序),观察并记录万用表显示的值。

③ 保持基极 B 位置不变,将其余 2 个引脚(C 和 E)位置互换,观察并记录万用表显示的值。比较两次测量的显示值,数值大的这次(通常大于 100)对应的 E、B、C 的位置是正确的。

④ 将半圆柱形三极管有字的一面面向自己,引脚向下,引脚从左向右的顺序填入表 3-9 中的"引脚排列"一栏中。

五、其他元器件检测

1. 开关变压器检测

(1) 引脚和线圈编号

本例中的开关变压器共 6 个引脚,分为三组线圈。将开关变压器插入 PCB 板,左边 4 个引脚从上到下编号为①~④,右边 2 个引脚编号为⑤、⑥。①~②为第一组线圈,③~④为第二组线圈,⑤~⑥为第三组线圈。

(2) 外观检查

检查开关变压器外观是否有锈蚀、松动、烧焦等痕迹,线圈是否有外露,引脚是否有断裂、脱焊。若没有,说明正常,然后再进行绝缘性能和线圈电阻测试。

(3) 绝缘性能测试

若用指针表测试,打到 $R \times 10k$ 挡并调零,测三组线圈之间的绝缘电阻,阻值应为无穷大,指针基本不动。具体方法是:一表笔放①或②,另一表笔先放③或④,再放⑤或⑥,然后一表笔接③或④,另一表笔接⑤或⑥。若用数字表测量,打到 20 MΩ 挡,用同样的方法测三组线圈之间的绝缘电阻,应显示"1"或"OL",说明阻值很大,绝缘性能良好。

(4) 线圈电阻测试

将指针表打到 $R \times 1\Omega$ 挡或数字表打到 200 Ω 挡,分别测三组圈即①~②、③~④和⑤~⑥之间的阻值,将测试结果填入表 3-11 中。

表 3-11　开关变压器测试表

线圈间组别	绝缘电阻	绝缘性能	线圈组别	线圈电阻	结果判断
一一二			一		
一一三			二		
二一三			三		

2. 光耦检测

光电耦合器简称光耦,是由发光二极管和受光三极管封装而成的,有 4 脚和 6 脚之分。4 脚光耦的 4 个引脚分别是:发光二极管正、负端,受光三极管 E、C;6 脚光耦的 6 个引脚分别是:发光二极管正、负端,空脚,受光三极管 E、C、B。发光二极管发光时,受光三极管因受光而导通,从而通过电—光—电的形式实现信号传输。本项目采用的 4 脚光耦的检测分发光二极管检测和传输特性检测两部分。

（1）发光二极管检测

将数字万用表打到二极管挡,红黑表笔分别接光耦的①、②脚,测发光二极管的正反向导通电压。若两次测量中有1次有读数,说明发光二极管正常。

（2）传输特性检测

用两个数字万用表的二极管挡进行检测。数字万用表1的红笔接受光三极管的集电极 C（④脚）,黑笔接发射极 E（③脚）,这时受光三极管应截止,显示"1"或"OL"。数字万用表2的红笔接发光二极管的正极（①脚）,黑笔接负极（②脚）,这时因发光二极管发光,数字万用表1和表2均有读数（读数大小由具体型号而定）,说明发光二极管传输正常。将测试结果填入表 3 - 12 中。

表 3 - 12 光耦测试表

发光二极管检测		传输特性检测		结　论
读数 1	读数 2	表 1 读数	表 2 读数	

3.2.2 手机充电器安装与调试

一、手机充电器安装

1. 焊接前的准备

① 按表 3 - 5 所列元器件清单清点元器件,如有缺失应予以补齐。

② 电路板焊接装配应遵循"先低后高、从小到大"的原则,并使元器件贴紧底板。

③ 接通电烙铁电源,将其置于烙铁架上。若用恒温烙铁进行焊接,则应将其温度调到 300～350 ℃。

2. 焊接装配

① 将色环电阻和二极管弯成槽形,插入 PCB 板对应的位置。注意:a. 插件位置要与 PCB 安装位一致,千万不能插错。b. 二极管是有极性的,插件时要看清正负极。c. 发光二极管是有一定安装高度的,要与外壳上的小孔对齐,建议放在最后焊接。d. 色环电阻和二极管高度相当,可进行批量焊接,批量焊接可提高效率,若不够熟练,可逐一焊接。

② 将插好电阻和二极管的 PCB 板翻面,使元器件压在 PCB 板下面并紧贴 PCB 板,使元器件引脚向上。翻面时可用书或另一块 PCB 板盖着翻,以防元件掉落,不建议用折弯引脚的方法。

③ 用烙铁头同时加热某一引脚及其焊盘,将焊锡丝送入烙铁头对面的引脚和焊盘的交界处（尽量不要碰到烙铁头）,等焊锡熔化、流动并扩散时,应尽快撤离焊锡和烙铁,使焊锡凝固形成焊点。注意:a. 同时加热引脚和焊盘,可以使焊锡充分流动并浸润焊件,提高焊接质量。b. 要控制焊锡的量,只要焊锡能覆盖焊盘,量越少越好。c. 要控制焊接时间,一个焊点的焊接时间通常只要 2～3 s,焊接时间越长,越容易出现焊料拉尖、形状怪异、颜色灰暗等焊接缺陷。d. 焊料凝固时应保持 PCB 板静止,让其自然冷却,不要晃动 PCB 板,也不要用嘴对着焊点吹气。

④ 将 9 个元件的 18 个引脚逐一焊完后,用斜口钳逐一剪去多余的引脚,剪脚长度以引脚

刚露出焊点为宜。

⑤ 其他元器件因高度均不相同,建议由低到高逐一焊接。按瓷片电容、光耦、三极管、USB 接口、电解电容、开关变压器、发光二极管的顺序进行插件和焊接,焊完后剪脚。注意:a. 光耦是有极性的,要把光耦上的小点放在左下角,与 PCB 板上光耦左边的缺口相对应。b. 三极管、电解电容也有极性,可根据 PCB 板上元器件方向或极性的提示进行插件。c. 发光二极管有极性和安装高度的要求,根据测量结果和 PCB 上的极性提示进行插件,焊接前先将引脚打弯,把 PCB 插入外壳凹槽内,以确定发光二极管的安装高度。

⑥ 将两根导线焊接到 PCB 板 220 V 电源和外壳内的两个金属引脚上。

3. 焊点检查和整机装配

① 整机装配前应对 PCB 上的焊点质量进行检查。一是要检查每一个焊点有无虚焊、拉尖、连焊、焊料过多、焊盘剥落等焊接缺陷,若有,要及时处理。二是要检查每一个焊点是否圆润、光滑、有光泽,是否呈圆锥形或半弓形凹面(也称裙形拉开),若否,说明焊接不够完美和规范,要吸取教训。

② 将 PCB 板插入外壳的凹槽内,使发光二极管刚好从外壳小孔中露出,否则要调整发光二极管的安装高度。然后盖上盖子,拧紧螺丝,安装结束。

二、手机充电器的通电调试

本项目使用的手机充电器输入的是 220 V 交流电,且 PCB 板尺寸较小,元器件排列较紧密。为安全起见,通电调试时不建议拆开外壳去测量电路内部的某些参数,只对输入和输出电压进行测量。

1. 接通电源

① 将万用表打到交流电压高于 220 V 的任意一挡(有的万用表是 250 V 挡,有的是 600 V 挡,还有的是 750 V 挡等),两手各拿一表笔,分别插入 220 V 插座中。注意:两手要拿在表笔的塑料手柄上,千万不要碰到表笔的金属部分。

② 观察万用表的读数是否在 220 V 左右,若是则正常;若相差较大(误差大于±10%),则需找原因。一是电网电压不准,这时可换个插座重新测量;二是测量仪器不准,这时可换个万用表再测。若万用表没读数,则可能是表笔跟插座的铜片没有接触好,须用手调整表笔的位置。

③ 将手机充电器插入 220 V 插座,观察充电器有无发热、冒烟等不良现象。若有,则需要立即断电,说明焊接有问题,要拆开检查。注意:通电 5 min 后,充电器微热,若不烫手,则属于正常。

2. 测输出电压

由于输出电压是通过 USB 输出的,如果直接在 USB 上测输出电压,有可能因空间太小造成短路,所以需要提前准备一根一端带 USB 的红黑两芯线,红线的 $+V_{cc}$（$+5$ V）端接 USB,黑线的 USB 的地接 $-V_{cc}$（地）端接 USB,另一端为红黑导线剥好皮的两个裸头。

① 将 USB 线的插头插入充电器 USB 插座,将充电器插入 220 V 电源,注意 USB 两个裸头不能相碰,以免造成短路。

② 将数字万用表打到直流 20 V 挡,测充电器 USB 口输出电压的大小,把测量结果填入表 3 - 13 中。

表 3 - 13　通电调试记录表

输入电压/V	输出电压/V	输出波形	纹波系数

③ 打开示波器电源,先进行电压和频率校准,然后再测充电器输出电压的幅度和纹波系数。

学习情境 4　声控旋律灯的安装与调试

　　声控旋律灯是一种用于渲染气氛的辅助设备,它通过感受外界声音的变化转变为光线强弱的变化,使人能够享受光带来的美感,因而广受大众青睐。

　　声控旋律灯根据不同的使用场合,可以用一级或二级放大电路控制(也可用一个或多个芯片去控制)LED灯的发光亮度和快慢,以及控制水泵制成音乐喷泉,如图4-1所示。

图 4-1　不同使用场合的声控旋律灯

项目导读

　　本项目使用的声控旋律灯电路装在壳体透明的蓝牙音箱内部,与蓝牙音箱融为一体,是一种基于蓝牙音箱的声控旋律灯。当蓝牙音箱发出声音时,驱动旋律灯发光,如图4-2(a)所示。本项目由蓝牙模块、功率放大模块和声控旋律灯模块三个部分组成,声控旋律灯主要由固定偏置共射放大电路和计数器CD4017组成,其框图如图4-2(b)所示。

　　本项目将完成以下两个任务。

　　① 声控旋律灯放大电路的分析与测试;

　　② 声控旋律灯的安装与调试。

(a) 实物图

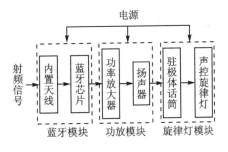

(b) 系统框图

图 4-2　本项目声控旋律灯

学习任务 4.1　声控旋律灯放大电路的分析测试

任务引入

　　放大电路能增加信号的输出功率,是生活中常用到的一种电子电路。日常生活中使用的手机、电脑、音箱等都离不开放大电路。本任务通过学习蓝牙音箱中的功率放大电路和声控旋律灯中的共射放大电路,掌握放大电路的组成、原理和参数计算方法。

　　放大电路通过电源取得能量,将输出信号的波形调整为与输入信号一致,但输出波形具有较大的振幅,实现了小信号的放大。本任务学习基本的放大电路、声控旋律灯电路、功率放大电路,然后进行仿真测试,并做出实物。对于基本的放大电路,学习固定偏置共发射级放大电路,分压偏置式共发射级放大电路;对于功率放大电路,学习由分立元件所组成的 OTL、OCL、BTL 和集成功率放大电路。

学习目标

　　① 掌握单级共射放大电路的工作原理和参数计算;
　　② 掌握声控旋律灯的工作原理;
　　③ 掌握功率放大电路的工作原理;
　　④ 了解蓝牙音箱电路的组成及工作过程;
　　⑤ 能用 Proteus 对放大电路进行仿真。

任务必备知识

4.1.1　共射放大电路分析

　　共射放大电路(又称为反相放大电路)是最基本的放大电路之一,由于发射极为输入回路和输出回路的共同接地端(见图 4-3),故称为共射极放大电路。常用的共射放大电路有固定偏置放大电路和分压式偏置放大电路。

一、固定偏置放大电路

1. 放大电路的组成

　　放大电路由三极管 T,电阻 R_b、R_c,电容 C_1、C_2 和直流电源 V_{cc} 组成,输入信号加载在三极管基极和发射极之间,从集电极和发射极之间得到输出信号。电路如图 4-3 所示。

　　各元件的作用如下:

　　① 三极管 T:图 4-3 所示为 NPN 型半导体三极管,它是放大电路的核心元件,起电流放大作用。为使其具备放大条件,电路的电源和电阻的选择应使 T 的发射结处于正向偏置,集电结处于反向偏置状态。

　　② 集电极直流电源 V_{cc}:放大电路的总电源,提供放大电路的能量,为偏置电源。

　　③ 基极(偏置)电阻 R_b:它与直流电源 V_{cc} 配合,保证三极管发射结正偏,同时供给基极一定的直流电流 I_B,通常为几百千欧。

　　④ 集电极电阻 R_c:它与集电极直流电源 V_{cc} 配合,使三极管的集电结反偏,保证三极管工

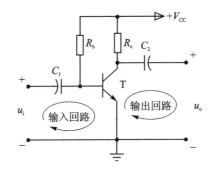

图 4-3　固定偏置共射放大电路

作在放大区。集电极电阻的另一个作用是将电流的变化转换为电压的变化送到输出端,实现放大电路的电压放大作用,通常为几千欧。

⑤ 耦合电容 C_1、C_2:这两个电容为极性电容,正极靠近三极管,分别接在放大电路的输入端和输出端,起"隔直通交"的作用。

对放大电路进行分析,首先需要明确,放大电路的目的是不失真的放大交流信号。平时的用手机或者电脑所发出的声音信号都为微弱的模拟信号,通过放大电路放大,才能够听到播放器里的各种声音。

2. 放大电路的工作条件

模拟输入信号加到输入回路后,通过放大电路,从输出回路输出放大后的信号,驱动扬声器。这是直流电源和交流信号共同作用的结果,其中,直流电源的作用是为放大电路提供合适的偏置,使三极管导通并工作于线性放大区,交流信号被放大输出。

放大电路工作时,由于交、直流共存,需要满足以下条件。

① 放大电路必须有合适的静态偏置,三极管始终工作在线性放大区;

② 对信号放大时,应保证输出信号不失真;

③ 放大倍数应尽可能大。

在三极管放大电路中,交流输入信号为零,电路处于直流工作状态,此时电流 I_B、I_C,以及电压 U_{BE}、U_{CE} 等数值可用电压电流特性曲线上一个确定的点表示,该点习惯上称为静态工作点 Q。

3. 放大电路的静态分析

所谓静态分析,是根据直流通路计算各电流、电压的值。对放大电路进行静态分析时,可以采用估算法,也可采用图解法,本书的参数采用估算法计算,波形采用图解法分析。

(1) 直流通路

直流通路是直流电源作用所形成的电流通路,电路中各电压和电流均为直流参数。静态时,放大电路的输入信号为零,即 $u_i = 0$。此时,电路中的电容由于"隔直通交"相当于开路。图 4-4 所示为固定偏置放大电路的直流通路。

(2) 静态工作点

静态工作点包含基极电流 I_{BQ}、集电极电流 I_{CQ},以及集电极和发射极之间的电压 U_{CEQ} 的值。

基极电流 I_{BQ} 可以按照如图 4-4(b)所示的等效电路计算,利用 VCR 和 KVL 计算。如

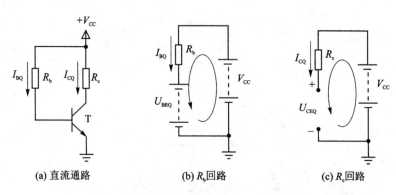

(a) 直流通路　　　　　　(b) R_b回路　　　　　　(c) R_c回路

图 4-4　固定偏置共射放大电路的直流通路

果三极管是硅管,则 $U_{BEQ} \approx 0.7$ V,如果三极管是锗管,则 $U_{BEQ} \approx 0.3$ V,I_{BQ} 的计算公式为

$$I_{BQ} = \frac{V_{CC} - V_{BEQ}}{R_b} \approx \frac{V_{CC}}{R_b} \tag{4-1}$$

集电极电流 I_{CQ} 可通过三极管的放大倍数 β 计算,公式为

$$I_{CQ} = \beta I_{BQ} \tag{4-2}$$

集电极和发射极之间的电压 U_{CEQ} 可以按照图 4-4(c)所示的等效电路,利用 VCR 和 KVL 进行计算,公式为

$$U_{CEQ} = V_{CC} - I_{CQ} R_c \tag{4-3}$$

一般认为,$U_{CEQ} \approx \dfrac{V_{CC}}{2}$时,静态工作点比较合适。

4. 放大电路的动态分析

进行交流电路分析时,需要画出交流通路,即交流电流所走的路径。

(1) 交流通路

交流通路只需要考虑交流分量,所以将直流分量置为 0,故直流电源 V_{CC}、耦合电容 C_1、C_2 均视为短路。固定偏置共射放大电路的交流通路如图 4-5 所示。

(2) 动态参数

对放大电路进行动态分析时,通常要计算电压放大倍数、输入电阻和输出电阻等性能指标。

**图 4-5　固定偏置共射放大
电路的交流通路**

1) 输入电阻 r_i

由图 4-5,从三极管的输入端看,它是一个导通的 PN 结,可用一个电阻 r_{be} 来模拟,be 之间等效的电阻称为三极管的输入电阻。常温下小功率三极管输入电阻的计算公式为

$$r_{be} = 300 \ \Omega + \frac{(\beta + 1) \times 26 \ (\text{mV})}{I_{EQ} \ (\text{mA})} \approx 300 \ \Omega + \frac{26 \ (\text{mV})}{I_{BQ} \ (\text{mA})} \tag{4-4}$$

一个放大电路的输入端总是与信号源相连,对信号源来说,它是负载,因此可用一个等效电阻替代,这个等效电阻被称作放大电路的输入电阻 r_i。输入电阻是从交流电路的输入端看进去的等效电阻,它可用来表征放大电路从信号源索取电流的能力。从图 4-5 所示的交流通路看,该电路的输入电阻为基极偏置电阻 R_b 和三极管输入电阻 r_{be} 的并联,由于 r_{be} 的值只有几百欧姆,而 R_b 的值通常为几百千欧,所以当二者并联时,并联后的阻值基本与小电阻相同,

计算公式为

$$r_i = R_b /\!/ r_{be} \approx r_{be} \qquad (4-5)$$

2）输出电阻 r_o。

由于放大电路的输出端与负载相连，对负载来说，放大电路相当于信号源，所以输出电阻是从交流电路的输出端进去的等效电阻，见式（4-6）。需要特别指出的是，由于放大电路给负载供电时，放大电路相当于负载的电源，所以放大电路的输出电阻 r_o 对于负载，相当于信号源的电源内阻，所以负载 R_L 不应当计入输出电阻。

$$r_o = R_C \qquad (4-6)$$

3）电压放大倍数 A_u。

电压放大倍数也称电压增益，是指放大电路输出端口电压与输入端口电压之间的比值，图 4-5 所示为图 4-3 所示的固定偏置放大电路空载时的交流通路，在使用 VCR 进行计算时，注意输出端的电阻 R_c 的电压电流为非关联。空载时的电压放大倍数计算公式为

$$A_u = \frac{u_o}{u_i} = \frac{-i_c R_c}{i_b(R_b /\!/ r_{be})} = \frac{-\beta i_b R_c}{i_b(R_b /\!/ r_{be})} \approx -\beta \frac{R_c}{r_{be}} \qquad (4-7)$$

电压放大倍数为负，说明输出电压与输入电压的相位关系为反相。

当放大电路有载时，交流通路如图 4-6 所示，此时集电极电阻 R_c 和负载电阻 R_L 并联。

有载时的电压放大倍数为

$$A'_u = \frac{u_o}{u_i} = \frac{-i_c(R_c /\!/ R_L)}{i_b(R_b /\!/ r_{be})}$$

$$= \frac{-\beta i_b(R_c /\!/ R_L)}{i_b(R_b /\!/ r_{be})} \approx -\beta \frac{R_c /\!/ R_L}{r_{be}} \qquad (4-8)$$

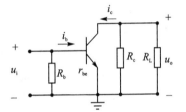

图 4-6 固定偏置共射放大
电路的交流通路（有载）

若令 $R_c /\!/ R_L = R'_L$，则有载电压放大倍数 $A'_u = -\beta \dfrac{R'_L}{r_{be}}$。

实际工作中，总希望输入电阻大一些，以减小信号源的负担，提高放大电路的灵敏度，而输出电阻低一些，以提高放大电路的带载能力。

对放大电路的分析应包含静态和动态分析。静态分析为直流通路分析，只有放大电路的静态工作点合适，动态分析才有意义，所以通常遵循"先静态，后动态"的原则进行分析。

5．放大电路的失真

放大电路的失真可以用图解法进行分析。由图 4-7 可知，$u_{CE} = U_{CC} - i_{CQ}R'_L$，这个电压电流关系在三极管的输出伏安特性中，可以表现为一条倾斜的直线，称为交流负载线。在这交流载线上，如果把静态工作点选得比较适中，如图 4-7 中的 Q 点，则当交流输入信号 u_i 的幅值比较小时，可以不失真地放大交流信号。但是，如果静态工作点的位置过低，如 4-7 图中的 Q'' 点，则会出现截止失真，这是由于工作点进入截止区引起的。如果工作点的位置选得过高，如图 4-7 中的 Q' 点，则会出现饱和失真，这是由于工作点进入饱和区引起的。截止区和饱和区被称为非线性区，所以上述失真也称为非线性失真。

静态工作点设置的合适，如果输入信号过大，也会出现双向失真，既有饱和失真，又有截止失真，这时应该减小输入信号，以消除失真。因此，放大电路的静态工作点对于能否不失真地

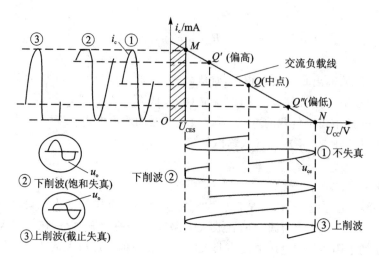

图 4 - 7　固定偏置放大电路的失真波形分析

放大交流信号十分关键。

6. 静态工作点的稳定

对于图 4 - 3 所示的固定偏置共射放大电路,电源电压 U_{CC} 和电阻 R_b 都是温度性能比较稳定的器件,其参数基本不受工作温度变化的影响,而三极管的 β、U_{BEQ} 和 I_{CEQ} 都是对温度敏感的参数。温度的升高,会使得三极管的输入特性曲线向左移动。温度每升高 1 ℃,U_{BE} 将减小 (2~2.5) mV,β 则增大 0.5%~1%。这样的变化规律代入 I_C 的表达式,则当温度升高后,I_C 将会增大,静态工作点将会随着三极管的输出特性曲线向上移动,更容易饱和。

在固定偏置共射放大电路中,由于三极管的发射极没有接电阻,所以基极电位 U_B 固定在 0.7 V 不变,故称该电路为固定偏置电路,该电路简单易调,但是 Q 点不稳定。选择温度性能好的元件,或者在恒温环境下使用固定偏置的共射放大电路,都可以保证 Q 点的稳定。但是从电路改进入手,采用温度补偿引入负反馈的方式更为便捷有效。下面要介绍的分压式偏置共射放大电路就是采用了电路改进的方法来实现静态工作点稳定的。

二、分压式偏置共射放大电路

1. 放大电路静态工作点稳定的原理

从上述分析可以看出,静态工作点不但决定了电路是否会产生失真,而且还影响着电压放大倍数、输入电阻等动态参数。实际上,电源电压的波动、元件的老化以及因温度变化所引起三极管参数的变化,都会引起静态工作点的不稳定,而在引起 Q 点不稳定的诸多因素中,温度对三极管参数的影响最大。

分压式偏置共射放大电路是对固定偏置共射放大电路的改进,如图 4 - 8 所示。

分压式偏置共射电路有两个特点:一是 R_{b1} 和 R_{b2} 串联分压,基极电位由分压决定;二是发射极电阻 R_e 上的电压可作为反馈,在 U_B 不变的前提下,可

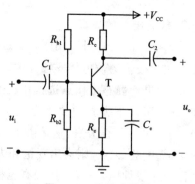

**图 4 - 8　分压式偏置
共射放大电路**

以通过调节 U_E 的大小,对 U_{BE} 形成负反馈,抑制 I_C 的变化。Q 点稳定的过程推导如下:

$$T(℃)\uparrow \rightarrow I_C\uparrow(I_E\uparrow) \rightarrow U_E\uparrow(因为 U_{BQ} 基本不变) \rightarrow U_{BE}\downarrow \rightarrow I_B\downarrow \rightarrow I_C\downarrow$$

稳定 Q 点的过程可以这样理解:当温度升高时,集电极电流 I_C 增大,根据 KCL 定律,发射极电流 I_E 必然相应增大。又由于 VCR(电压电流关系),发射极电阻 R_E 上的电压也随之增大。而 U_B 由 R_{b1} 和 R_{b2} 电阻的分压决定,基本不变,所以 U_{BE} 势必减小。由三极管的输入特性可知,U_{BE} 减小时,集电极电流 I_B 将会随之减小,I_C 也随之减小。最终 I_C 随温度升高而增大的部分,与 I_C 随着 I_b 减小的部分相抵消,故 I_C 将基本不变。Q 点在三极管输出特性坐标平面上的位置也基本不变。

2. 放大电路的静态分析

由于电容"隔直通交",将电容所在的支路断开,得到分压式偏置放大电路的直流通路如图 4-9(a)所示。

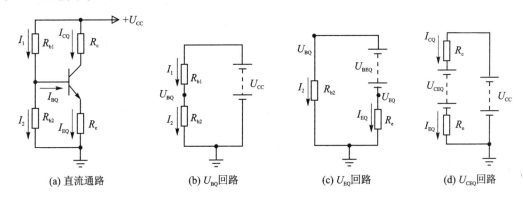

(a) 直流通路   (b) U_{BQ}回路   (c) U_{EQ}回路   (d) U_{CEQ}回路

图 4-9 分压式偏置共射放大电路的直流通路

分压式偏置共射放大电路的基极电位是电源电压经 R_{b1} 和 R_{b2} 后,在 R_{b2} 上的分压值。因此计算静态工作点时,需要先求出基极电位 U_{BQ}。

一般 I_B 的值非常小,R_{b1} 与 R_{b2} 所流过的电流基本相同,可以认为二者串联,则基极电位由这两个电阻的分压决定,一般 R_{b1} 和 R_{b2} 常为几十千欧。基极电位 U_{BQ} 的计算可以按照图 4-9(b)所示的 U_{BQ} 回路等效电路计算,计算公式为

$$U_{BQ}=\frac{R_{b2}}{R_{b1}+R_{b2}}U_{CC} \tag{4-9}$$

发射极电位 U_{EQ},可以按照图 4-9(c)所示的 U_{EQ} 回路等效电路,利用 KVL 计算,计算公式为

$$U_{EQ}=U_{BQ}-U_{BEQ} \tag{4-10}$$

因为基极电流 I_B 的值非常小,所以集电极电流和发射级电流基本相同,可以参照图 4-9(c)所示的 U_{EQ} 回路等效电路,利用发射极电位 U_{EQ} 以及 VCR 进行计算,计算公式为

$$I_{CQ}\approx I_{EQ}=\frac{U_{BQ}-U_{BEQ}}{R_e} \tag{4-11}$$

集电极和发射极之间的电压 U_{CEQ} 值也可以参照图 4-9(d)所示 U_{ECQ} 回路等效电路计算,计算公式为

$$U_{CEQ}=U_{CC}-I_{CQ}(R_c+R_E) \tag{4-12}$$

对比固定偏置共射放大电路,分压式偏置共射放大电路的 U_{BQ}、I_{CQ} 和 I_{EQ} 只取决于 U_{CC}

和各电阻参数,与 β 和温度无关,静态工作点因此而得以稳定。即便更换三极管,工作点也不会改变,这是分压式偏置共射放大电路的优势。

分压式偏置共射放大电路也有不足,由于接入了 R_e,交流净输入信号会因 R_e 上的压降而减小,因此,放大倍数有所降低。在实际使用中,由于 V_{CC} 的限制,如果 R_e 的阻值太大则会使三极管进入饱和区,导致电路不能正常工作,因此稳定工作点的条件为:I_2 远大于 I_{BQ},并且 U_{BQ} 远大于 U_{BEQ}。

3. 动态分析

将直流电源 V_{CC}、耦合电容 C_1、C_2,以及旁路电容 C_e 均视为短路,则分压式共射放大电路的交流通路如图 4-10 所示。

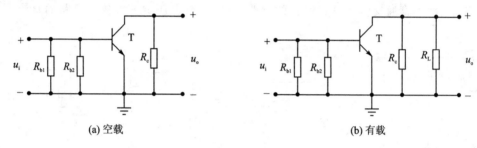

(a) 空载   (b) 有载

图 4-10 分压式偏置共射放大电路的交流通路

① 输入电阻 r_i。因为 r_{be} 的值远小于并联的两个电阻,所以电阻并联后的阻值约等于 r_{be},输入电阻计算公式为

$$r_i = R_{b1} /\!/ R_{b2} /\!/ r_{be} \approx r_{be} \tag{4-13}$$

② 输出电阻 r_o。输出电阻的理解同固定偏置放大电路,即

$$r_o = R_c \tag{4-14}$$

③ 空载电路的交流通路如图 4-10(a)所示,空载电压放大倍数计算公式为

$$A_u = \frac{u_o}{u_i} = \frac{-i_c R_c}{i_b(R_{b1} /\!/ R_{b2} /\!/ r_{be})} = \frac{-\beta i_b R_c}{i_b(R_{b1} /\!/ R_{b2} /\!/ r_{be})} \approx -\beta \frac{R_c}{r_{be}} \tag{4-15}$$

有载电路的交流通路如图 4-10(b)所示,有载电压放大倍数计算公式为

$$A'_u = \frac{u_o}{u_i} = \frac{-i_c R_c /\!/ R_L}{i_b(R_{b1} /\!/ R_{b2} /\!/ r_{be})} = \frac{-\beta i_b R_c /\!/ R_L}{i_b(R_{b1} /\!/ R_{b2} /\!/ r_{be})} \approx -\beta \frac{R_c /\!/ R_L}{r_{be}} \tag{4-8}$$

若令 $R_c /\!/ R_L = R'_L$,则有载电压放大倍数

$$A'_u = -\beta \frac{R'_L}{r_{be}}。 \tag{4-16}$$

负号表示输出电压与输入电压的相位为反相关系。

三、两种放大电路的对比

分压式偏置共射放大电路静态工作点更稳定,但是对比固定偏置共射放大电路静态工作点稳定,但是也有局限性:虽然基极电位由两个基极电阻分压决定,但是如果 Q 点设置的不合适,则需要调节发射极电阻来改变 Q,但是发射极电阻一旦变化,电路的增益也会随之改变。只要改变 Q 点,增益就会变动,这样电路的调试就会很烦琐。反观固定偏置共射放大电路,假设 Q 点太低出现失真,只要减小 R_c 的值,把静态工作点往上移动就好了,电路的动态参数并未因此而改变。所以在实际使用过程中,应该根据具体需求选择合适的放大电路。

任务实施

1. 固定偏置放大电路仿真测试

① 本项目所用的固定偏置放大电路中使用的三极管是 S9018 型号,电源电压为 5 V。用 Proteus 软件画本项目固定偏置放大电路时,因为元件库里没有 S9018 型号,因此将三极管选用了 2N3053 型号,相应的电源电压调整为 3 V,测试电路如图 4-11 所示。

② 单击"运行"按钮,观察 2 个电压表和 3 个电流表的读数,并计算 I_E 和 β 值,根据测量值判断三极管工作在哪个区,并填写入表 4-1 中。

③ 根据测出的 U_{BE} 和 β 值,计算 Q 点后填入表 4-1 中,并判断三极管的工作状态。

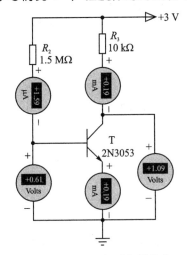

图 4-11　固定偏置共射放大电路静态测试电路

表 4-1　固定偏置共射放大电路静态测试表

测量参数	U_{BE}	U_{CE}	I_B	I_C	I_E	β	工作区
测量值							
理论值							

④ 在 Proteus 软件中画出如图 4-12 所示的动态测试电路,输入端接信号发生器(左侧仪器仪表栏 📷 中的"signal-generator" 📷)、交流毫伏表和示波器 A 通道,输出端接示波器 C 通道、交流毫伏表。

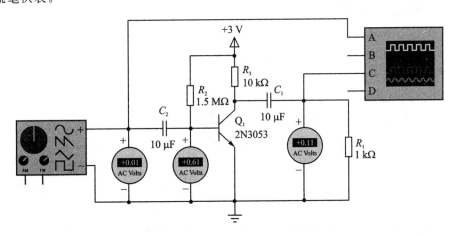

图 4-12　放大电路动态测试电路

⑤ 单击"运行"按钮,会弹出信号发生器设置按钮,将信号发生器的频率 f 调到 500 Hz,波形选择正弦波。"峰-峰"值 U_{PP} 分别调到 10 mV、20 mV、30 mV、50 mV、70 mV、100 mV,如表 4-2 所列。计算信号发生器输出电压有效值 U_o 并填写入表 4-2 中。

表 4 - 2　固定偏置共射放大电路动态测试参数

信号发生器/mV	U_{pp}	10	20	30	50	70	100	调节输出幅度
	U_o							
电压表/mV	U_i							
	U_o							
A_u								
示波器/mV	U_{im}							
	U_{om}							
A_u								
是否反相								
输出是否失真								

⑥ 观察两个交流毫伏表的读数,将电路输入电压 U_i 和输出电压 U_o 填入表 4 - 2 中,并计算电压放大倍数 A_u。

⑦ 观察示波器两个通道的波形,将输入、输出电压的最大值 U_{im} 和 U_{om} 填入表 4 - 2 中,并计算 A_u。

⑧ 调整 A 或 B 通道波形的位置,使两个波形的横坐标(X 轴)重合,观察两波形是否反相。若是则打"√";若否,填相位差。

⑨ 观察输出信号是否有失真,若是,先打"√",再填削顶、削底、截止或饱和失真。

⑩ 调节信号发生器的输出幅度,使电路的输出电压为最大且不失真,将此时的 U_{pp} 填入表 4 - 2 的最后一列。

2. 分压偏置放大电路仿真测试

① 在 Proteus 软件中画出如图 4 - 13 所示的分压偏置放大电路的直流通路。用直流电压表测量 U_{RB1}、U_{RB2}、U_{BE}、U_{RC}、U_E 和 U_{CE} 的电压,用直流电流表测量 I_1、I_2、I_B、I_C、I_E 的值。运行后,将这 10 个测量值填入表 4 - 3 中。

② 利用公式计算①中的值,把计算结果填入表 4 - 3 中,填表时注意电流的单位。其中,$I_1 = I_2$,是忽略 I_B 后的理论值;I_B 填 β 值,即 I_C 的理论值除以 I_B 的测量值;$I_C = I_E$。

表 4 - 3　分压式偏置放大电路静态测试表

测量参数	U_{RB1}	U_{RB2}	U_{RC}	U_E	U_{CE}	I_1	I_2	$I_B(\beta)$	I_C	I_E	工作区
测量值								$I_B=$			
理论值								$\beta=$			

③ 接入 C_1、C_2 和 C_E,在软件中画出如图 4 - 14 所示的分压式偏置放大电路。

④ 在输入端接信号发生器、交流毫伏表和示波器 A 通道,在输出端接示波器 B 通道和交流毫伏表。运行后将信号发生器调到正弦波 1 kHz,"峰-峰"值 U_{pp} 分别调到 10 mV、20 mV、30 mV、50 mV、70 mV、100 mV,如表 4 - 4 所列。计算信号发生器输出电压有效值 U_o 并填写表 4 - 4 中。

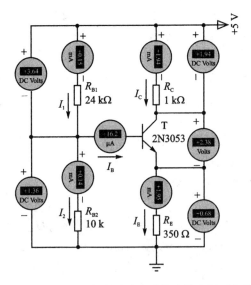

图 4 - 13　分压式偏置放大电路静态仿真测试电路

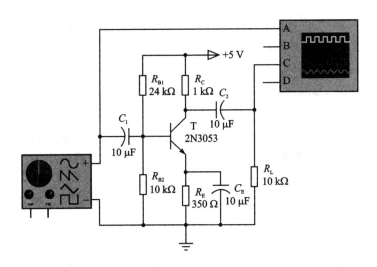

图 4 - 14　分压式偏置放大电路动态仿真测试电路

表 4 - 4　分压式偏置放大电路动态测试表

信号发生器/mV	U_{pp}	10	20	30	50	70	100	调节输出幅度
	U_o							
示波器/mV	U_{im}							
	U_{om}							
A_u								
是否反相								
输出是否失真								

⑤ 观察两个交流毫伏表的读数,将电路输入电压 U_i 和输出电压 U_o 填入表 4-4 中,并计算电压放大倍数 A_u。观察示波器两个通道的波形,将输入、输出电压的最大值 U_{im} 和 U_{om} 填入表 4-4 中,并计算 A_u。

⑥ 调整 A 或 B 通道波形的位置,使两个波形的横坐标(X 轴)重合,观察两波形是否反相。若是则打"√";若否,填相位差。观察输出信号是否有失真,若是,先打"√",再填削顶、削底、截止或饱和失真。

⑦ 调节信号发生器的输出幅度,使电路的输出电压为最大且不失真,将此时的 U_{pp} 填入最后的空格中,并按上述步骤完成最后一列。若将 R_c 改成 2 kΩ,则 Q 点更靠近_____(截止/饱和)区,最大不失真输出电压幅度 $U_{om}=$ _____ V,说明改成 1 kΩ 后的电路更_____(容易/不容易)产生失真。

⑧ 在信号发生器上选择"峰-峰"值 $U_{pp}=50$ mV(则幅度 $U_p=U_{im}=$ _____ mV)的正弦波,频率 f 分别为 10 Hz、50 Hz、100 Hz、500 Hz、1 kHz、5 kHz、20 kHz、100 kHz、500 kHz、5 MHz,从示波器上分别读出输出电压的幅度 U_{om} 后填入表 4-5 中,并将计算的电压放大倍数 A_u 也填入表 4-5 中。

表 4-5 电压和频率的关系

频率 f/Hz	10	50	100	500	1k	5k	20k	100k	500k	5M
电压 u_o/V										
电压放大倍数 A_u										

⑨ 在图 4-15 中用描点法画出该电路的幅频特性曲线。若把中频段比较稳定的电压放大倍数的平均值叫 A_o,则当信号频率过低或过高时,A_o 下降 0.707 倍时对应的频率分别叫下限截止频率 f_L 和上限截止频率 f_H,则通频带 $f_{BW}=f_H-f_L$。通过计算回答:本电路 $f_L=$_____,$f_H=$_____,$f_{BW}=$_____。

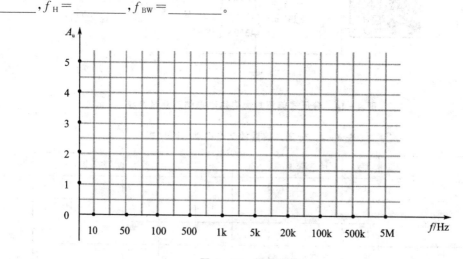

图 4-15 幅频特性

4.1.2　声控旋律灯电路仿真测试

一、驻极体话筒

驻极体话筒属于最常用的电容话筒,具有体积小、结构简单、电声性能好、价格低的特点,广泛用于盒式录音机、无线话筒及声控等电路中。因为输入和输出阻抗很高,所以要在这种话筒外壳内设置一个场效应管作为阻抗转换器,为此驻极体电容式话筒需要工作电压为直流电压。

1. 结构及特点

驻极体话筒的内部结构如图 4-16(a)所示,它主要由"声—电"转换和阻抗变换两部分组成。"声—电"转换的关键元件是驻极体振动膜片,它以一片极薄的塑料膜片作为基片,在其中一面覆盖一层纯金属薄膜,然后再经过高压电场"驻极"处理后,在两面形成可长期保持的异性电荷,所以称为"驻极体"(也称"永久电荷体")。振动膜片的金属薄膜面向外(正对音孔),并与话筒金属外壳相连;另一面靠近带有气孔的金属极板,其间用很薄的塑料绝缘垫圈隔离开。这样,振动膜片与金属极板之间就形成了一个本身具有静电场的电容,所以驻极体话筒实际上是一种特殊的、无须外接极化电压的电容式话筒。金属极板与专用场效应管(场效应管与三极管类似)的栅极 G 相接,场效应管的源极 S 和漏极 D 作为话筒的引出电极。所以加上金属外壳后,驻极体话筒一共有 3 个引出电极,其内部电路如图 4-16(b)所示。如果将场效应管的源极 S(或漏极 D)与金属外壳接通,就使得话筒只剩下 2 个引出电极。

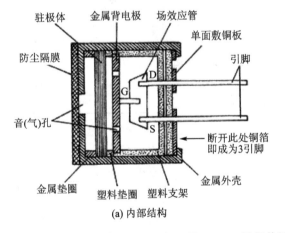

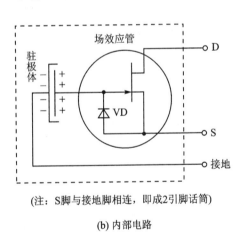

(注:S脚与接地脚相连,即成2引脚话筒)

(a) 内部结构　　　　　　　　　　(b) 内部电路

图 4-16　驻极体话筒内部构造

2. 工作原理

当驻极体膜片遇到声波振动时,就会引起与金属极板间距离的变化,也就是驻极体振动膜片与金属极板之间的电容随着声波变化,进一步引起电容两端固有的电场发生变化$\left(U=\dfrac{Q}{C}\right)$,产生随声波变化而变化的交变电压。由于驻极体膜片与金属极板之间所形成的"电容"容量比较小(一般为几十皮法),因而它的输出阻抗值$\left(X_c=\dfrac{1}{2\pi fC}\right)$很高,约在几十兆欧以上。这样高的阻抗是不能直接与一般音频放大器的输入端相匹配的,所以在话筒内接入了一只结型场效应晶体三极管来进行阻抗变换。通过输入阻抗非常高的场效应管将"电容"两端的电压输出，并同时进行放大，就得到了和声波相对应的输出电压信号。

二、芯片 CD4017

CD4017 是一种十进制计数器/脉冲分配器，有 10 个译码输出端，以及 CP 时钟输入端、RST 清除端、$\overline{EN}$ 禁止端三个输入端。时钟输入端的施密特触发器具有脉冲整形功能，对输入时钟脉冲上升和下降时间无限制。译码输出一般为低电平，只有在对应时钟周期内才保持高电平，CO 是进位输出端。

1. CD4017 引脚功能

CD4017 的引脚和实物如图 4 - 17 所示，引脚属性如表 4 - 6 所列。

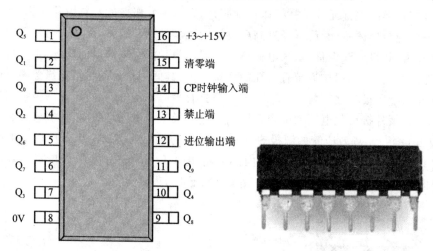

图 4 - 17　CD4017 芯片引脚及实物图

表 4 - 6　CD4017 引脚属性

引脚	名称	属性	引脚	名称	属性
1	Q_5	RST=1 时，Q5=0	9	Q_8	RST=1 时，Q8=0
2	Q_1	RST=1 时，Q1=0	10	Q_4	RST=1 时，Q4=0
3	Q_0	RST=1 时，Q0=1	11	Q_9	RST=1 时，Q9=0
4	Q_2	RST=1 时，Q2=0	12	CO	级联进位输出端，每输入 10 个时钟脉冲，发出一个脉冲
5	Q_6	RST=1 时，Q6=0	13	$\overline{EN}$	禁止端，脉冲下降沿有效
6	Q_7	RST=1 时，Q7=0	14	CP	时钟输入端，脉冲上升沿有效
7	Q_3	RST=1 时，Q3=0	15	RST	清零输入端，高电平有效
8	VSS	电源负极	16	VDD	电源正极，3～15 V

CD4017 功能如表 4 - 7 所列。

表 4 - 7　CD4017 功能表

输　入			输　　出	
CP	$\overline{EN}$	RST	Q0～Q9	CO
×	×	H	Q0=1, Q1～Q9=0	计数脉冲为 $Q_0～Q_4$ 时,CO=1;计数脉冲为 $Q_5～Q_9$ 时,CO=0
↑	L	L	计数	
H	↓	L		
L	×	L	保持	
×	H	L		
↓	×	L		
×	↑	L		

注"×"表示任意电平逻辑电平,相当于在数字电路中的 0 或者 1。

2. 芯片 CD4017 的逻辑功能分析

(1) 清零端 RST

清零端 RST 为高电平或正脉冲时,计数器清零,即 Q0 输出高电平,Q1～Q9 输出均为低电平。

(2) 时钟输入端 CP 和禁止端 $\overline{EN}$

CP 端用于上升沿计数,$\overline{EN}$ 端用于下降沿计数,这两个输入端有互锁的关系,即利用 CP 计数时,$\overline{EN}$ 端要接低电平,利用 EN 计数时,CP 端要接高电平,或者刚好相反,形成互锁。

(3) 输出端 $Q_0～Q_9$ 和 C0

CD4017 的 10 个译码输出端 $Q_0～Q_9$ 随时钟脉冲的输入而依次出现高电平。清零后,只有 $Q_0=1$,当 CP 端输入第一个时钟脉冲后,Q_1 即为 1,$Q_0=0$,再来脉冲时,Q_1 的输出移至 Q_2,Q_2 的输出移至 Q_3,依次类推,即 $Q_0～Q_9$ 均依次进行移位输出,完成一个周期。如果继续输入脉冲,则 Q_0 为新的 Q_9,$Q_1～Q_9$ 仍然依次移位输出 1。

计数脉冲为 $Q_0～Q_4$ 时,CO=1;计数脉冲为 $Q_5～Q_9$ 时,CO=0,所以在 $Q_0～Q_9$ 这十个输出端中,前五个输出,CO 为高电平,后五个输出,C0 翻转为低电平,即每输入 10 个时钟脉冲,就可得到一个进位输出脉冲,所以 C0 为下一级计数器的时钟信号。

综上所述,CD4017 基本功能是对输入端"CP"脉冲的个数进行十进制计数,并按照输入脉冲的个数顺序将脉冲分配在 $Q_1～Q_9$ 这十个输出端,计满 10 个数后,计数器清零。十个数在计数的同时,C0 输出一个占空比 50% 的方波(高电平与低电平的比值为 1:1)。

三、声控旋律灯

声控旋律灯能够随着声音的响起,LED 灯跟随着声音的节奏亮起来。

1. 电路组成

声控旋律灯电路由音频放大电路和旋律灯电路两部分组成,其框图如图 4 - 18 所示。

总电路如图 4 - 19 所示,右下角框内为音频放大电路,

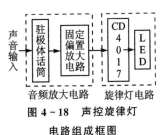

图 4 - 18　声控旋律灯电路组成框图

左上角框内为声控旋律灯电路,下面分析该电路的工作过程。

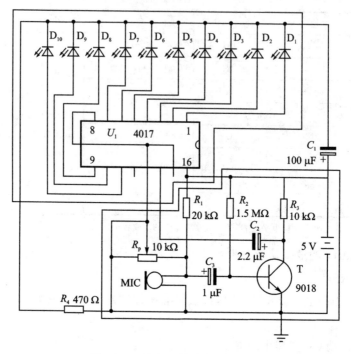

图 4-19 声控旋律灯及放大电路

(1)音频放大电路

音频放大电路由驻极体话筒和固定偏置放大电路两部分组成。驻极体话筒将声音信号转化为电信号,作为固定偏置放大电路的信号源。固定偏置放大电路将驻极体话筒输入的信号放大。

(2)旋律灯电路

声控旋律灯由芯片 CD4017 和 10 个 LED 灯组成。固定偏置放大电路输出的脉冲进入芯片 CD4017 的 CLK 端,CD4017 将进入的脉冲转化到输出端 $Q_0 \sim Q_9$ 依次输出,实现 LED 的流水灯效果。

2. 音频放大电路工作原理

(1)驻极体话筒 MIC

将驻极体话筒 MIC 的等效电阻设为 R_{EQ},其等效电路如图 4-20 所示,可以看出 R_{EQ} 与滑动电阻 R_p 并联后,再与 R_1 串联,当滑动电阻的箭头往下滑动时,R_p 的阻值增大,所分到的电流减小,使得驻极体话筒上的电流增加。调整滑动电阻 R_p 的阻值,就可以调整驻极体话筒的灵敏度,而 R_1 则为驻极体话筒偏置电阻,保证话筒工作在合适的电压。

(2)固定偏置放大电路

从驻极体话筒 MIC 发出的信号,通过耦合电容 C_3 进入由三极管 T、电阻 R_2 和电阻 R_3 组成的固定偏置放大电路。该放

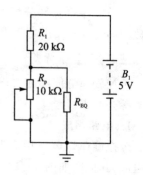

图 4-20 驻极体话筒等效电路

大电路中,R_2 为固定偏置电阻,R_3 为集电极电阻,C_2 为放大电路与下一级负载的耦合电容。放大电路输出放大后的信号,通过三极管 T 的集电极,再经过耦合电容 C_2 进入 CD4017 芯片的时钟脉冲输入端 CP 端。

3. 旋律灯电路工作原理

图 4-21 所示为 CD4017 所组成的旋律灯电路,$Q_1 \sim Q_9$ 轮流为低电位,

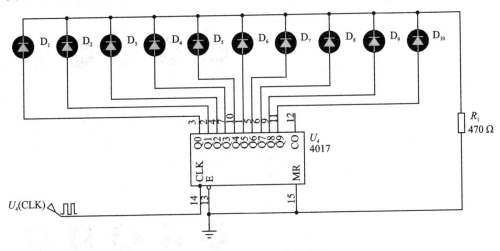

图 4-21　CD4017 旋律灯电路

当复位端 RST 加上高电平和正脉冲时,除输出端 Q_0 为高电平外,其余输出端即 $Q_1 \sim Q_9$ 均输出低电平"0"。当时钟输入端 $\overline{EN}$ 接地时,CLK 针对输入时钟脉冲的上升沿计数;当时钟输入 CP 接高电平时,$\overline{EN}$ 端则对时钟脉冲的下降沿计数,$Q_0 \sim Q_9$ 这 10 个输出端的输出状态分别与输入的时钟脉冲个数相对应。

对于图 4-21 所示电路,如果从 0 开始计数,则输入第 1 个时钟脉冲时,Q_1 就变为高电平;输入第 2 个时钟脉冲时,Q_2 为高电平,以此类推,直至输入第 10 个脉冲,就回复到 Q_0 为高电平。

(1) 芯片 CD4017

芯片 CD4017 的 13 引脚 $\overline{EN}$ 通过滑动电阻 R_p 旁边的导线直接接地,CLK 时钟脉冲 14 引脚对从放大电路输出的脉冲的上升沿进行计数。其中,$Q_0 \sim Q_9$ 这 10 个输出端的输出状态分别与输入的时钟脉冲个数相对应。

(2) LED

由 CD4017 输出端的 $Q_1 \sim Q_9$ 的输出电压推动 LED 发光,声音变化频率越高,流水 LED 灯的亮灭速度就越快。

4. 其余电路工作原理

电阻 R_4、电容 C_2 为调节主要的电路部分的元件。发光二极管不能够直接加 5 V 的电压,所以 R_4 与各发光二极管串联,为发光二极管分压,起限流的作用。C_2 为滤波电容,将旋律灯电路所在的直流环境,与固定偏置共射放大电路所在的直流环境隔离开。

任务实施

1. CD4017 功能仿真测试

① 在 Proteus 软件中画出图 4-22 所示的集成块 CD4017 基本功能仿真电路图,其中,14 脚 CLK 接 2 Hz 的方波。

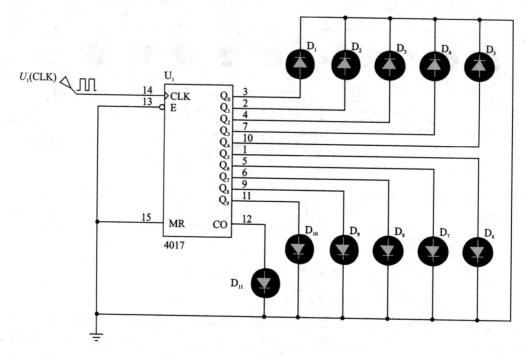

图 4-22 CD4017 基本功能仿真电路图

② 按下"仿真"按钮,观察 $D_1 \sim D_{10}$ 各灯的发光情况。在图 4-23 中画出 CD4017 各输出端 $Q_0 \sim Q_9$ 的波形。

③ 将 14 脚 CLK 的信号源改为 2 Hz 正弦波,幅度 AMP 改为 5 V。按下"仿真"按钮,观察 $D_1 \sim D_{10}$ 各灯的发光情况,是否与方波时相同。

2. 声控旋律灯放大电路静态仿真测试

① 用 Proteus 软件画出由 T、R_2、R_3 共同组成的固定偏置共射放大电路的直流通路电路,如图 4-24 所示。

② 三极管 2N3053 的放大倍数 $\beta = 200$,则该放大电路放大的 $I_B = $ _____ mA,$I_C = $ _____ mA,以及 $U_{CE} = $ _____ V,静态工作点 _____(合适,偏高,偏低)。

③ 在 Proteus 软件中画出整个声控旋律灯仿真电路,如图 4-19 所示。

④ 使用信号发生器的正弦波形模拟 MIC 的声音变化,通过调整信号发生器的频率和幅值,打开手机秒表,从第一个灯亮开始计时,到循环到第一个灯重新亮结束计时,作为一个周期的循环时间,将结果填入表 4-8 中。

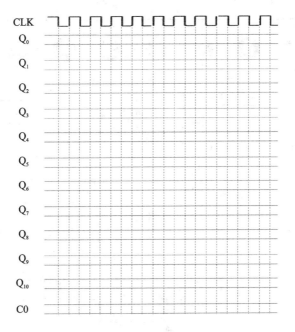

图 4 - 23　CD4017 各输出端波形图

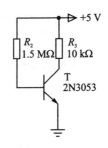

图 4 - 24　声控旋律灯负载放大电路直流通路

表 4 - 8　声控旋律灯电路仿真测试结果

频率/Hz	幅值/V	循环时间/s
2	1	
6	5	

⑤ 当信号发生器的频率增加时,流水灯变化更_____(快/慢)。

4.1.3　功率放大电路仿真测试

功率放大电路是一种以输出较大功率为目的的放大电路,一般直接驱动负载,带载能力要强。

为了将信号有效放大,在多级放大电路当中,电压放大电路一般位于多级放大电路的前级(也称前置放大电路),研究的主要技术指标是电压放大倍数、输入电阻、输出电阻及频率特性等。而功率放大电路通常作为多级放大电路的输出级,研究的主要技术指标是放大功率、效率等。

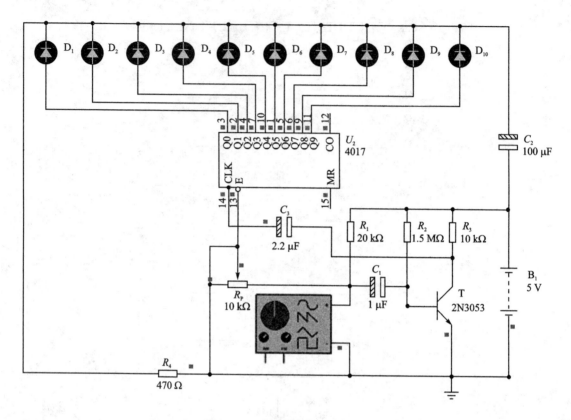

图 4 - 25　声控旋律灯电路仿真

一、功率放大电路的要求

1. 输出功率大

在输出不发生明显失真情况下,为获得足够大的输出功率,三极管的输出电压和电流的幅度也需要足够大,所以,三极管往往工作在极限状态。因此,选择功率放大电路时,必须保证它的工作状态不超过它的极限参数。

2. 效率高

功率放大电路的输出功率是通过三极管,将直流电源供给的能量,转换为交流信号放大所需要的能量而得到的。效率是指放大电路的交流输出功率与电源提供的直流功率的比值,该比值越大,效率越高。

3. 非线性失真小

功率放大电路在大信号状态下工作,输出电压和电流的幅值都很大,容易产生非线性失真。因此,将非线性失真限制在允许的范围内,就成为功率放大电路的一个重要问题。在实用中要采取负反馈等措施减小失真,使之满足负载的要求。

二、功率放大电路的分类

根据功率三极管静态工作点的状况.可分为甲类、乙类和甲乙类三种,如图 4 - 26 所示。

1. 甲类放大器

学习任务 4.1 介绍的两种共发射极放大电路为甲类放大器,甲类放大器的功放管的静态

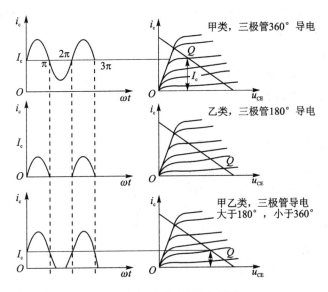

图 4 - 26　三种功率放大电路

工作电流设在放大区的中间,以便保证信号的正、负半周有相同的线性范围,这样当信号幅度太大时(超出放大管的线性区域),会出现正半周的削顶与负半周的削底。由于信号的正、负半周都用同一只三极管来放大,所以信号的非线性失真很小,但是也因为如此,输出功率比较小。并且在没有输入信号时,为了保证静态工作点,直流电还需要工作,电源消耗大、效率低。所以,甲类放大器主要有非线性失真小、输出功率小和效率低的特点。

2. 乙类放大器

　　乙类放大器没有给三极管加静态偏置电流,所以静态工作点很低,两只三极管都工作在接近截止区的位置。输入信号在正、负半周时,通过两只性能对称的三极管来分别放大信号的正半周和负半周,在负载上组合成一个完整周期的信号。由于输入信号的正、负半周各用一只三极管放大,可以有效地提高放大器的输出功率,所以乙类放大器的输出功率很大。在没有输入信号时,三极管处于截止状态,不消耗直流电源,所以乙类放大器的功耗很小、效率很高。但是因 Q 点很低,在信号正、负半周交替时,两个三极管因信号幅度较小都不能放大,所以乙类放大器在信号过零的附近会出现失真,这种失真叫交越失真,如图 4 - 27 所示。

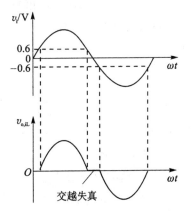

图 4 - 27　交越失真

3. 甲乙类放大器

　　为了克服乙类放大器的交越失真,必须使输入信号避开三极管的截止区,可以给三极管加入很小的静态偏置电流,以使输入信号加载在很小的直流偏置电流上,这样可以避开三极管的截止区,改善输出信号的失真。当两个输入信号分别加载在一个直流偏置电流上,用净值很小的直流偏置电流弥补三极管的截止区电压,使两个半周信号分别工作在两只三极管的放大区,达到克服交越失真的目的。由于直流电源只须提供很小的静态偏置电流,以克服两管的截止区,使两管进入微导通状态,所以甲乙类的放大器功耗很小。由于甲乙类放大器无交越失真,并且省电,被广泛应用于音频功率放大电路。

效率、失真和输出功率三者之间互有影响。在甲乙类和乙类状态下工作时,虽然提高了效率,失真严重。甲乙类或乙类状态的互补对称放大电路能提高效率,又能减小信号波形的失真。由于甲乙类功率放大电路的静态工作点介于甲类和乙类之间,甲乙类功放的放大方式有效解决了乙类放大器的交越失真,效率比甲类放大器高,实际应用极为广泛。

三、由分立元件组成的功率放大电路

1. 无输出变压器的互补对称功率放大电路(OTL)

OTL(Output Transformer Less)电路是一种没有输出变压器的功率放大电路,通常采用单电源供电,两只串联的 NPN 和 PNP 三极管的输出中点通过电容耦合输出信号,如图 4-28 所示。过去大功率的功率放大电路多采用变压器耦合方式,以解决阻抗变换问题,使电路得到最佳负载值。但是,变压器耦合方式体积大、笨重,并且频率特性不好,所以现在很少使用。OTL 电路不再用输出变压器,而采用输出电容与负载连接的互补对称功率放大电路,电路轻便、电路集成化,只要输出电容的容量足够大,电路的频率特性也能保证,是一种基础功率放大电路。

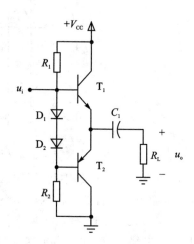

图 4-28　OTL 电路

(1) 静态分析

OTL 电路的直流通路如图 4-29(a)所示。单电源 V_{cc} 同时保证了 T_1 和 T_2 的发射结正偏,以及集电结反偏,R_1 和 R_2 分别为 T_1 和 T_2 的固定偏置电阻,和 V_{cc} 共同保证了这两只三极管分别工作在放大区。D_1 和 D_2 这两只二极管,分别有一定的导通电压,使得 T_1 和 T_2 这两只三极管的基极之间有一定的电位差,并且可以认为是一个恒定值,将两只三极管基极的电位钳位在一定值。

T_1 和 T_2 分别为 NPN 和 PNP,所以两个三极管的工作为互补关系,而二者的参数和工作状态完全一致,所以两只三极管对称。因而,当 T_1 和 T_2 之间的 A 点电位为 $\dfrac{V_{cc}}{2}$ 时,两只三极管分别各获得了一半的 V_{cc},都是发射结正偏,集电结反偏,处于微导通状态。

(2) 动态分析

OTL 电路的交流通路如图 4-29(b)所示。当输入信号按正弦规律变化时,因为二极管 D_1、D_2 的动态电阻很小,所以 T_1 和 T_2 管基极电位的变化近似相等,即 $u_{b1} \approx u_{b2} \approx u_i$。所以,当 $u_i > 0$ V,且逐渐增大时,u_{BE1} 增大,T_1 管基极电流 i_{B1} 随之增大,发射极电流 i_{E1} 也必然增大,T_1 管进入放大状态。而由于 u_i 增加,u_{BE2} 减小,当减小到一定值时,T_2 管截止。对于图 4-28 所示 OTL 电路中的电容 C_1,在 u_i 正半周时充电,所以,当 $u_i < 0$ V 且逐渐减小,T_1 截止时,T_2 放大,由 C_1 放电为 T_2 供电。这样,即使 u_i 很小,输入信号的正半周主要是 T_1 管发射极驱动负载,而负半周主要是 T_2 管发射极驱动负载,总能保证至少有一只三极管导通,因而消除了交越失真。由于两管的导通时间都比输入信号的半个周期长,即在信号电压很小

时,两只管子同时导通,因而它们工作在甲乙类状态。

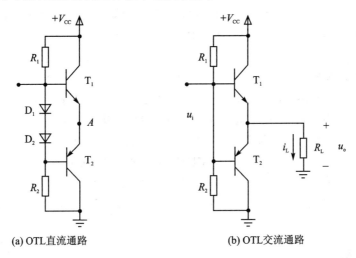

(a) OTL 直流通路　　　　　　(b) OTL交流通路

图 4 - 29　OTL 直流通路与交流通路

（3）参数的计算

在理想情况下,忽略饱和压降 u_{ces},即 $u_{ces}=0$。

最大不失真输出功率 P_{om} 为

$$P_{om} \approx I_{om} \times U_{om} = \frac{U_{om}^2}{R_L} \qquad (4-17)$$

直流电源消耗功率 P_E 为

$$P_E = 2\frac{2}{\pi} U_{cc} \times I_{cm} \qquad (4-18)$$

效率 η_{max} 为

$$\eta_{max} = \frac{P_{om}}{P_E} \times 100\% = \frac{\pi}{4} \times \frac{U_{cc} - U_{ces}}{U_{cc}} < 78.5\% \qquad (4-19)$$

2. 无输出电容的互补对称功率放大电路（OCL）

OCL（Output Capacitor Less）电路,由对称的正、负电源供电,由 T_1、T_2 两个特性对称、导电类型相反且性能参数相同的功放管组成,分别是 NPN 和 PNP 型三极管,两管的基极和发射极分别连在一起,信号从两管的基极输入,并从两管的射极输出,输入电压 u_i 加在两管的基极,输出电压 u_o 由两管的射极输出,电路如图 4 - 30 所示。

对于 OCL 电路,静态分析和动态分析与 OTL 电路相同,可以自行分析。OCL 电路的参数计算如下。

最大不失真输出功率 P_{om} 为

$$P_{om} \approx \frac{1}{8} \times I_{om} \times U_{om} = \frac{U_{om}^2}{8R_L} \qquad (4-20)$$

直流电源消耗功率 P_E 为

$$P_E \approx \frac{1}{\pi} U_{cc} \times I_{cm} \qquad (4-21)$$

效率 η_{max} 为

$$\eta_{max} \approx 78.5\% \tag{4-22}$$

OCL 和 OTL 电路的区别在于前者用双电源供电,无输出电容;后者用单电源供电,有输出电容。由于 OCL 电路输出端不用电容耦合,低频特性好,电源对称性强,因而噪声和交流声都很小。

3. 平衡桥式功放电路(BTL)

BTL (Balanced Transformer Less)电路,由两组对称的 OTL 或 OCL 电路组成,图 4-31 所示 BTL 电路所使用的是 OTL 电路。扬声器 R_L 接在两组 OTL 或 OCL 电路输出端之间,即扬声器两端都不接地。BTL 电路的主要特点有:可采用单电源供电,两个输出端直流电位相等,无直流电流通过扬声器;与 OTL、OCL 电路相比,在相同电源电压、相同负载情况下,BTL 电路输出电压可增大一倍,输出功率可增大四倍,这意味着在较低的电源电压时也可获得较大的输出功率。由于本项目中的集成芯片 8002 内部为 BTL 电路,下面重点介绍这种电路的工作方式。

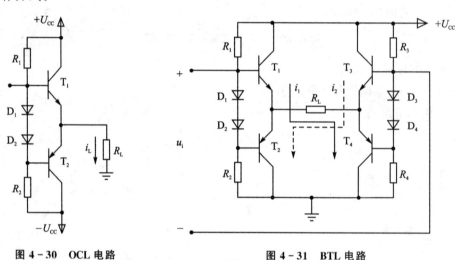

图 4-30 OCL 电路   图 4-31 BTL 电路

(1) BTL 电路的基本工作原理

在输入信号 u_i 为正半周期间,输入信号 u_i 经放大器 T_1 放大后从其输出端(发射极)输出,这一输出信号在输出端为正半周信号。与此同时,输入信号 u_i 经放大器 T_2 放大后从其输出端(发射极)输出,这一输出信号为负半周信号。这样,流过负载 R_L 的电流方向为从左至右。

当输入信号变化了半周后,输入信号 u_i 为负半周,分析方法相同,使得流过负载 R_L 的电流方向为从右至左。因此,在 u_i 变化的整个周期内,负载 R_L 得到完整的信号。

BTL 电路的参数如下。

最大输出功率 P_{om} 为

$$P_{om} \approx \frac{1}{2} \times I_{om} \times U_{om} = \frac{U_{om}^2}{2R_L} \tag{4-23}$$

直流电源消耗功率 P_E 为

$$P_E \approx \frac{1}{\pi} U_{cc} \times I_{cm} \tag{4-24}$$

效率 η_{max} 为

$$\eta_{max} \approx 78.5\%$$ (4－25)

4. 几种功放的对比

共同点:都是甲乙类,并且都是无变压器输出功率放大电路。

不同点:

① 供电方式:OTL 是单组电源,OCL 是两组电源,BTL 供电电源可单可双。

② 输出功率:理论上 BTL 电路的输出功率等于四倍 OCL 或者 OTL 电路的输出功率。实际当中 OTL 的输出功率最小。

③ 音质:同样的偏置下,BTL 较好,OCL 欠之,OTL 较差。因为 OTL 输出用了一个"隔直"的电容。

④ 结构:OTL 结构最为简单。BTL 结构最复杂,组成 BTL 的两个对称功放可以是 OTL、OCL 或者是集成功放。

四、集成功率放大电路

集成功率放大电路的种类和型号繁多,这里对常用的 LM386,以及本项目用到的 LTK8002D 为例做简单介绍。

1. 音频集成功放 LM386

LM386 是一种集自身功耗低、电源电压范围大、外接元件少和总谐波失真小等优点于一体的音频集成功率放大电路,其引脚和实物如图 4－32 所示。LM386 广泛应用于录音机和收音机。

LM386 的输入级是双端输入—单端输出差分放大电路;中间级是共发射极放大电路,其电压放大倍数较高;输出级是 OTL 互补对称放大电路,为单电源供电;输出耦合电容 C 外接。

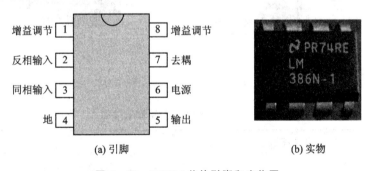

(a) 引脚　　　　　(b) 实物

图 4－32　LM386 芯片引脚和实物图

图 4－33 所示为 LM386 电压增益最大时的用法,C_1 使引脚 1 和 8 在交流通路中短路,C_4 为旁路电容,C_7 为去耦电容,滤掉电源的高频交流成分。

2. LTK8002D

LTK8002D 是一款高耐压、单声道甲乙类音频功率放大电路,是专门为大功率、高保真音频输出而设计的。LTK8002D 工作在宽电压条件下(2.5～6 V),内部为 BTL 桥连接,在 6 V 电源电压下,可以给 4 Ω 负载提供小于 10%的谐波失真、平均输出功率为 4.2 W;在关闭模式下,电流典型值小于 1 μA。LTK8002D 仅需要少量的外围元器件,适用于小音量低功耗的系统,其引脚和实物如图 4－34 所示,功能如表 4－9 所列。

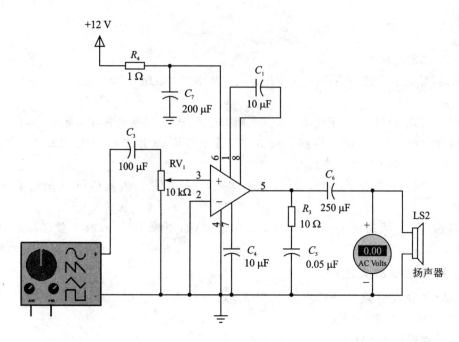

图 4 - 33　LM386 的应用电路

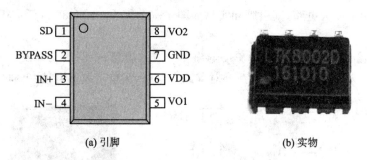

| (a) 引脚 | (b) 实物 |

图 4 - 34　LTK8002D 芯片引脚和实物

表 4 - 9　LTK8002D 的引脚及功能

引脚编号	引脚名称	I/O	功能说明
1	SD	I	关断控制。高电平为关闭状态,低电平为打开状态,不能悬空
2	BYPASS	—	内部共模参考电压
3	IN+	I	模拟正向输入端
4	IN—	I	模拟反向输入端
5	VO1	O	BTL 正向输出端
6	VDD	P	电源正端
7	GND	GND	电源负端
8	VO2	O	BTL 反向输出端

图 4-35 为本项目蓝牙模块和功放模块的电路板,虚线左边为功放模块,虚线右边为蓝牙模块。红色端子是两个模块 5 V 电源供电,两个白色端子为喇叭的左右声道(红线为+,黑线为一)。

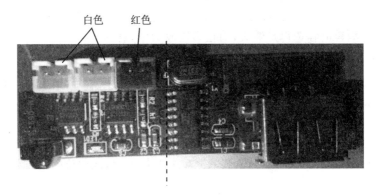

图 4-35 蓝牙音箱电路板

图 4-36 为本项目功放电路原理图。两个型号 8002 芯片的使用相同,分别驱动左、右扬声器。为了将引脚功能和引脚号更直观地对应,将左边的型号 8002 标出引脚号,而右边的型号 8002 标出引脚功能。下面以左边的型号 8002 芯片为例进行讲解,右边的型号 8002 分析方法相同。

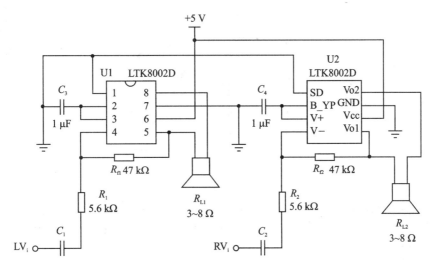

图 4-36 LTK8002 所组成的功放电路原理图

(1)原理分析

扬声器 R_{L1} 作为负载,分别接引脚 5 和 8,即 BTL 的正向、反向输出端,6 号引脚接+5 V 电源,7 号引脚接地。6、7 号引脚分别为 8002 内部各元件提供电源,保证集成电路内部的静态工作点。1 号引脚是芯片使能端,控制芯片打开和关闭,该引脚为高电平时,功放芯片关断;为低电平时,功放芯片打开,正常工作。由于 1 号引脚接地为低电平,所以为使用状态。2 号引脚Bypass 接的电容 C_3 为 1 μF,该电容非常重要,其大小决定了功放芯片的开启时间,也会影响芯片的电源抑制比和噪声,以及是否会发出"POP"声(音频器件在上电、断电瞬间以及上电稳定后,各种操作带来的瞬态冲击所产生的爆破声)等重要性能,1 μF 为常用值。3 号引脚为模拟正向输入端,通过电容 C_3 接地。4 号引脚通过 R_1 和 C_1 串联,接到 LV_i(左扬声器的信号输入端),蓝牙模块的输出信号通过 R_1 和 C_1 串联,以阻容耦合的方式所组成的高通滤波电路连接到 4 号引脚。阻容耦合的优点在于,电容器的"隔直通交"的作用,使前后级的直流工作点相互独立,而且只要耦合电容选得足够大,则在多级放大中,衰减很小。

(2)参数计算

以单个 LTK8002D 进行分析,由于该芯片的输入接收模拟信号,输出为模拟音频信号,其电压放大倍数均可通过 R_f 和 R_1 调节,计算公式为

$$A_V = 2 \times \frac{R_f}{R_1} \qquad (4-26)$$

将 $R_f = 47\ \text{k}\Omega$ 和 $R_1 = 5.6\ \text{k}\Omega$ 分别代入式(4-27),可知,该功放的电压放大倍数为 $A_V = 16.79$。

任务实施

1. OTL 低频功率放大电路仿真测试

① 使用 Proteus 软件画出如图 4-37 所示的 OTL 低频功率放大电路仿真电路,元件清单如表 4-10 所列,其中滑动变阻器在左侧元件库中寻找 POT-HG)。

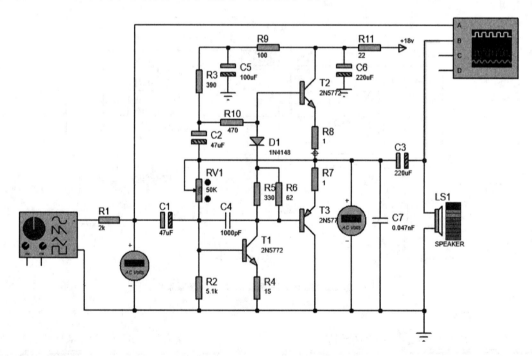

图 4-37　OTL 功率放大电路仿真测试

② 将信号源去除,用短路线将 R_{13} 的左侧与地短接,进行静态工作点的调试,调节 R_{P1},使 R_8、R_9 两个电阻之间的电压为 9 V,用直流电压表,分别测试各三极管的静态工作点并记入表 4-11 中。注意:静态电流调好后,如无特殊情况,不得随意调节 R_{P1} 的阻值。

表 4 - 10 OTL 功率放大电路仿真测试元件清单

序 号	代 号	型号规格	序 号	代 号	型号规格
1	R_8、R_9	RT 0.5 W/1 Ω±5%	12	C_9	100 pF
2	R_5	RT 0.25 W/15 Ω±5%	13	C_{17}	0.047 μF
3	R_{10}	RT 1 W/22 Ω±5%	14	C_7	4.7 μF/16 V
4	R_{14}	RT 0.25 W/62 Ω±5%	15	C_8	47 μF/25 V
5	R_{18}	RT 0.25 W/100 Ω±5%	16	C_{18}	100 μF/25 V
6	R_2	RT 0.25 W/390 Ω±5%	17	C_{14}	220 μF/16 V
7	R_6	RT 0.25 W/470 Ω±5%	18	C_{13}	220 μF/25 V
8	R_{13}	RT 0.25 W/2 kΩ±5%	19	T_1	2N5772
9	R_4	RT 0.25 W/5.1 Ω±5%	20	T_2	2N5772
10	R_{12}	330 Ω	21	T_3	2N5772
11	R_3	50 kΩ	—	—	—

表 4 - 11 静态工作点测量数据

测量参数	U_{BQ}/V	U_{EQ}/V	U_{CQ}/V
T_1			
T_2			
T_3			

③ 将第②步中的短路线去除，一并去除刚才测量静态工作点的直流电压表。重新接回信号发生器。将信号发生器输入信号 u_i 设置为频率为 1 kHz 的正弦信号，再在 u_i 和 u_o 处分别加入交流电压表和波器测试输出电压，并观察 u_o 的波形。

④ 逐渐增大 u_i，使输出电压达到最大不失真输出。当输入电压 $u_i=$ _____ V 时，最大不失真输出电压幅值 $U_{om}=$ _____ V，并按照公式（4 - 27）计算此时输出功率 P_{om} _____ W。

$$P_{om} \approx \frac{U_{om}^2}{R_L} \qquad (4-27)$$

2. BTL 低频功率放大电路仿真

① 使用 Proteus 软件画出如图 4 - 38 所示的由 TDA2030 所组成的 BTL 低频功率放大电路的静态仿真电路。TDA2030 常用于中功率音响设备，1、2 引脚分别是正相、反相输入端；5、3 引脚分别是电源正、负输入端；4 引脚是功率输出端。输出功率 $P_o=18$ W（$R_L=4$ Ω 时）。

② 将芯片 U1、U2 的电源电压分别设为 ±3 V，±5 V 和 ±10 V 运行后，观察图 4 - 38 中 6 个直流电表的读数，其中，U1 输出的电流为 I_{o1}，输出的电压为 V_{o1}；U2 同理。负载扬声器输出的电压为 V_L，输出的电流为 I_L。将 U1、U2 以及负载扬声器的输出电压、电流填入表 4 - 12 中。

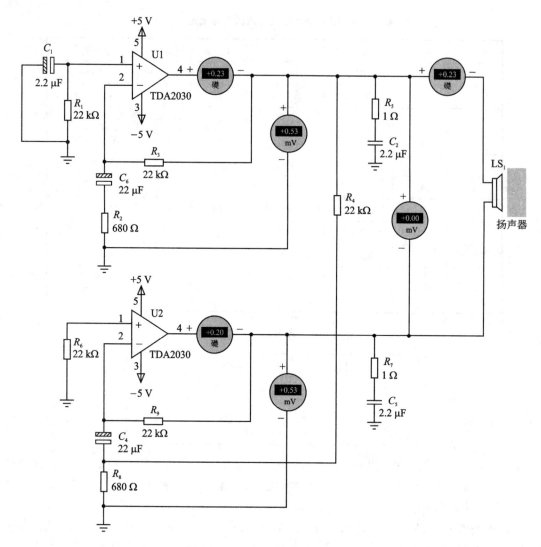

图 4-38　BTL 仿真电路静态测试

表 4-12　BTL 仿真电路静态测试表

电源电压/V	直流电表读数					
	V_{o1}	I_{o1}	V_{o2}	I_{o2}	V_L	I_L
±3						
±5						
±10						

③ 不论 TDA2030 的电源电压为多少,负载的电流为_____ A,电压为_____ V,因为_____。

④ 使用 Proteus 软件画出如图 4-39 所示的 BTL 低频功率放大电路的动态仿真电路。

⑤ 调整 TDA2030 正、负电源的电压为 5 V,将信号发生器的电压压为 300 mV,频率调至 1 kHz,将负载(扬声器)的电压、电流填入表 4-13 中。

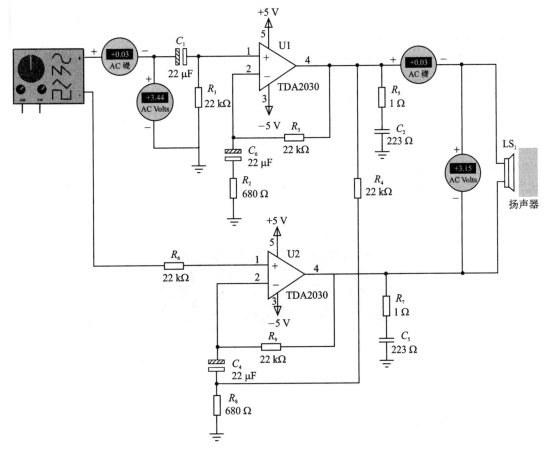

图 4 - 39　BTL 仿真电路动态检测

⑥ 将信号发生器的电压调整为 300 mV、500 mV、700 mV,将负载(扬声器)的电压、电流填入表 4 - 13 中。

表 4 - 13　BTL 仿真电路动态检测结果

信号发生器电压/mV	负载(扬声器)	
	电压/V	电流/A
300		
500		
700		

4.1.4　蓝牙音箱电路分析

蓝牙音箱可以有很多应用场合,如家庭影院、车载音响等。蓝牙音箱通过蓝牙适配器,将接收到的射频信号转换成微弱的电信号,再通过放大电路,通过增加信号的输出功率的方式将小信号放大,再通过扬声器将放大后的信号传递出来。

本项目所做的蓝牙音箱由蓝牙模块、功率放大模块,以及声控旋律灯模块组成。稳压模块将交流电压转换成直流电压,作为音箱内部各部件的电源供给。蓝牙模块包含内置天线和蓝牙芯片,用于接收音频信号;功率放大模块用于将蓝牙模块接收到的信号放大到足以驱动扬声器,实现语音输出。声控旋律灯模块通过驻极体话筒采集扬声器发出的声音的频率,使得声控旋律灯按照该频率流水点亮,增加蓝牙音箱的趣味性和观赏性。下面介绍蓝牙电路部分。

1. 蓝牙音箱功能介绍

蓝牙音箱是蓝牙技术与音频处理技术相结合的新型应用产品。蓝牙音箱通过蓝牙实现发射端和接收端的音频数据实时传输;通过数模转换设备将接收端接收到的手机或者电脑等发出的射频信号实时转换为音频信号,并通过扩音设备实时播放。

2. 蓝牙音箱的组成

蓝牙音箱由以下模块构成:蓝牙模块、电源模块、信号放大模块,以及扬声器、箱体等。其中,蓝牙音箱的芯片部分如图 4 - 40 所示。

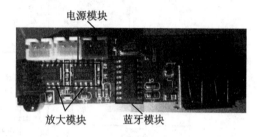

图 4 - 40　蓝牙音箱芯片

（1）蓝牙模块

蓝牙模块包含天线和蓝牙芯片,其中天线是封装在元件内的。

（2）电源模块

主控 CPU 增加对蓝牙模块的电源控制,即可保证整个模块完全掉电,避免蓝牙模块的状态与 CPU 的状态不一致。

（3）信号放大模块

信号放大模块由两片 LM8002 芯片构成,分别给左扬声器和右扬声器提供信号。

学习任务 4.2　声控旋律灯的装配与调试

本项目使用的蓝牙音箱电路包括蓝牙模块、功放模块和声控旋律灯模块三个部分。其中,蓝牙模块和功放模块已用表面元器件焊接到同一块 PCB 板上,不需要进行元器件检测和焊接装配。

4.2.1　声控旋律灯元器件检测

一、声控旋律灯电路元器件检测

1. 电阻和电位器检测

① 本声控旋律灯电路包含了 4 个五色环电阻和 1 个电位器,请按照电路原理图 4 - 19 中 $R_1 \sim R_4$ 的顺序,把这 5 个元件名称和标称值填入表 4 - 14 中。

表 4－14　电阻和电位器检测表

序　号	图　号	元件名称	标称阻值	测量值	测量结果	备　注
1	R_1					
2	R_2					
3	R_3					
4	R_4					
5	R_p					

② 根据这 5 个元件上的色环或有效数字,读出其标称阻值,并把色环顺序和有效数字填入表 4－14 的备注栏中。

③ 选择合适的万用表量程,测出 $R_1 \sim R_4$ 这 4 个电阻的阻值,填入表 4－14 的测量值栏中。观察标称值和测量值是否一致,若是,在测量结果栏中填写"正常"或打勾。

④ 测 10 kΩ 电位器 R_p。该 10 kΩ 电位器有 3 个引脚,呈等腰三角形,顶端引脚(编号③)为可调端,底端两引脚(编号①和②)为固定端,如图 4－41 所示。

固定端的阻值是固定的且为 10 kΩ 左右,可调端和任一固定端的阻值是可变的。用数字万用表 20 k 挡测两固定端的电阻,并用螺丝刀调节,观察阻值是否有变化,若不变则正常,将测量值填入表 4－14 中;再测可调端和任一固定端的阻值,应该在 0～10 kΩ 范围内,再用螺丝刀调节,阻值应发生变化,变化范围也是 0～10 kΩ,且调节到任何位置时,引脚①和③间的阻值与引脚②和③间的阻值之和等于 10 kΩ,则该电位器正常,在表 4－14 测量结果栏填"正常"。

图 4－41　10 kΩ 电位器实物图

2. 电解电容检测

① 本声控旋律灯电路包含了 3 个电解电容,请按照电路原理图 4－19 中 $C_1 \sim C_3$ 的顺序,把这 3 个元件名称、标称值和读数填入表 4－15 中。

表 4－15　电解电容检测表

序　号	图　号	元件名称	标称值	读　数	测量值	备　注
1	C_1					
2	C_2					
3	C_3					

② 用带有 200 μF 电容测量功能的数字万用表测出这 3 个电容的容量,填入表 4－15 中。若标称值、读数和测量值一致,在备注栏中打勾或填写正常。

3. 发光二极管检测

① 本声控旋律灯电路包含了 10 个发光二极管,请把元件名称填入表 4－16 中。

表 4-16　发光二极管检测表

图　号	元件名称	数　量	规　格	好　坏	导通电压	备　注
$D_1 \sim D_{10}$		10				

② 用数字万用表二极管挡测发光二极管的正反向导通电压,若一次有读数且发光二极管发光,另一次没有读数且不发光,则该发光二极管正常。在规格栏填写发光颜色和尺寸,在好坏栏填写正常。

③ 有读数的这次测量,显示值即为发光二极管的导通电压。将导通电压填入表 4-16 中,在备注栏填入极性标志。

4. 三极管检测

① 本声控旋律灯电路包含了 1 个三极管,请把图号和规格填入表 4-17 中。

表 4-17　三极管检测表

图　号	规　格	好　坏	测量值	材　料	类　型	引脚排列

② 将数字万用表打到二极管挡,测三个引脚的正反向电阻。在 6 次测量中,若 2 次有读数,则三极管正常。在好坏栏填写正常,并将 2 个读数填入测量值一栏。若这 2 个读数均大于 400(mV),则该管的材料是硅;若均小于 400(mV),则该管的材料是锗。

③ 在这样 2 次有读数的测量中,若红笔放在同一个电极,则该管为 NPN 型管,该极为基极 B。若黑笔放在同一个电极,则该管为 PNP 型管,该极也为基极 B。

④ 将万用表打到 hFE 挡,三极管根据管型和基极位置,插入万用表对应的三极管插座中,记录示值 1;再将发射极 E 和集电极 C 的位置互换,记录示值 2。比较示值 1 和示值 2 的大小,大的这次 C、E 的位置是正确的。将三极管有字的一面面向自己,引脚向下,将从左到右的引脚排列顺序填入表 4-13 中。

5. 驻极体话筒检测

驻极体话筒多用指针万用表检测。指针万用表是一种多功能、多量程的便携式检测工具,它是从事电气设备维修、家用电器维修工作者们经常使用的检测仪表。指针万用表又称为模拟万用表,以天宇仪表 FM47F 型号指针万用表为例,来介绍万用表的结构。万用表主要由表针刻度盘、功能旋钮、表头校正钮、零欧姆调节旋钮、表笔插孔、表笔等构成,如图 4-42 所示。其挡位以及挡位调节与数字万用表类似,在此不再详细介绍。

① 先任意假设驻极体话筒的两个引脚为①、②号引脚。

② 将指针万用表打到 $R \times 100$ 挡,测两端式驻极体话筒的正反向电阻。先红笔接引脚①,黑笔接引脚②,读出其阻值 1;再红笔接②黑笔接①,读出阻值 2。

③ 比较两次测量结果,若阻值一大一小,则该驻极体话筒正常,且阻值小的这次,黑笔接的是源极 S,红笔接的是漏极 D。

④ 若两次阻值均为零,则说明该驻极体话筒内部短路;若两次都为无穷大,则说明该驻极体话筒内部开路;若两次阻值相等,则说明该驻极体话筒内部栅极 G 和源极 S 之间的 PN 结开路。

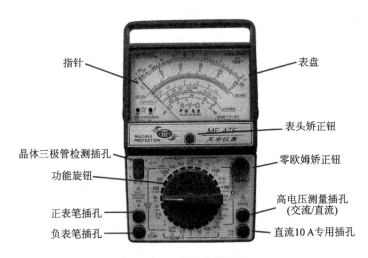

图 4 - 42　万用表的构成

4.2.2　声控旋律灯电路安装

一、焊接前的准备

① 按表 4 - 18 所列元器件清单清点元器件,在备注栏打"√",如有缺失应予以补齐。

表 4 - 18　声控旋律灯电路元器件清单

序　号	元件名称	规　格	数　量	图　号	备　注
1	色环电阻	470 Ω	1 个	R_4	
2	色环电阻	10 kΩ	1 个	R_3	
3	色环电阻	20 kΩ	1 个	R_1	
4	色环电阻	1.5 MΩ	1 个	R_2	
5	电位器	10 kΩ	1 个	R_p	
6	电解电容	1 μF	1 个	C_3	
7	电解电容	2.2 μF	1 个	C_2	
8	电解电容	100 μF	1 个	C_1	
9	发光二极管	蓝色 Φ3	10 个	$D_1 \sim D_{10}$	
10	三极管	9018	1 个	Q_1	
11	话筒	驻极体	1 个	MIC	
12	集成块	CD4017	1 块	U1	
13	PCB 板	声控旋律灯	1 块	—	

② 电路板焊接装配应遵循"先低后高,从小到大"的原则,并使元器件贴紧底板。

③ 接通电烙铁电源,将其置于烙铁架上。若用恒温烙铁进行焊接,应将其温度调为 300～350 ℃。

二、焊接装配

① 加工跳线。取 2 根 10~12 mm 长的镀锡铜丝或剪下来的元器件引脚,用镊子、平口钳或尖嘴钳夹在其中一根的一端 3 mm 处,折弯 90°,再夹住另一端 3 mm 处折弯 90°,保持在一个平面中,形成槽形,插入 PCB 板的跳线位置,若长度不合适须重做。插好 2 根槽形跳线后,将 PCB 板翻面,使跳线紧贴 PCB 板,引脚向上。

② 焊接跳线。用烙铁头同时加热某一引脚及其焊盘,将焊锡丝送入烙铁头对面的引脚和焊盘的交界处,等焊锡熔化、流动并扩散时,应尽快撤离焊锡和烙铁,使焊锡凝固形成焊点。然后用同样的方法焊接其他三个焊点,焊完后要剪去多余的引脚,使引脚刚露出焊点。

③ 焊接色环电阻。将 4 个色环电阻弯成槽形,插入 PCB 板对应的位置上。注意:插件位置要与 PCB 安装位置一致,千万不能插错。用同样的方法焊接这 4 个色环电阻的 8 个焊点,并剪脚。

④ 焊接集成块。将集成电路 CD4017 插入 PCB 板,注意芯片上和 PCB 板上的缺口要对应,并让芯片贴紧底板,然后再翻面。用同样的方法焊接这个集成块的 16 个焊点。

⑤ 焊接发光二极管。先将 PCB 板用螺丝固定在亚克力板 A 上,把任一发光二极管插入有 10 个孔位的另一块亚克力板 B 的任一孔位中,把 B 板插入靠近 PCB 的 A 板的方孔中,让发光二极管的 2 个引脚盖过 PCB 板上对应的 2 个焊盘孔,在焊盘孔处折弯其引脚,以确定发光二极管弯脚长度。拧下 PCB 板上的螺丝,将 10 个发光二极管以同样的长度弯脚,插到 PCB 板 D_1~D_{10} 位置上,注意插入时看清发光二极管的极性。再用同样的方法焊接发光二极管的 20 个焊点。

⑥ 焊接电位器和驻极体话筒。将这两个焊接高度一致的元件按极性要求插入 PCB 板,翻面后焊接这 5 个焊点并剪脚。

⑦ 焊接电解电容和三极管。将这 4 个焊接高度一致的元器件按极性要求插入 PCB 板,翻面后焊接焊点并剪脚。说明:为方便以后测试,三极管的焊接高度可以和电解电容保持一致。焊接好的声控旋律灯电路如图 4-43 所示。

图 4-43　焊接好的声控旋律灯电路

三、整机装配

① 6 块亚克力板的实物分别标有 A、B、C、D、E、F,将 USB 二芯线一端两头剥皮 3 mm,穿过顶盖亚克力板 F 后焊接到 PCB 板的 V_{cc} 和 GND 处,注意:a. 亚克力板 F 上的圆孔就是用于穿 USB 线的,若不穿压克力板直接焊,顶盖将无法盖上。b. USB 线要穿过 PCB 焊盘孔后焊接,且红线接 V_{cc},黑线接 GND。用同样的方法将一根 2P 端子线也焊到 V_{cc} 和 GND 处,将

另外 2 根 2P 端子线焊接到 2 个扬声器上,注意要红线接扬声器正极。

② 检查焊点质量。一是要检查每一个焊点有无虚焊、拉尖、连焊、焊料过多、焊盘剥落等焊接缺陷,若有,要及时处理。二是要检查每一个焊点是否圆润、光滑、有光泽,是否呈圆锥形或半弓形凹面,若否,说明焊接不够完美和规范。

③ 将蓝牙和功放 PCB 板插入白色塑料面板,使遥控接收器和 USB 接口从面板孔中露出。用螺丝将该面板固定在亚克力板 B 上,再用螺丝将声控旋律灯的 PCB 板固定在亚克力板 A 上,将 B 插入 A,使 10 个发光二极管露出 B 板,且 A 板和 B 板垂直。

④ 将两个扬声器分别用 4 个螺丝固定在亚克力板 C 和 D 上,然后插入 A、B 板对应的插孔中。将 B 板对面的 E 板插入 A、C、D 板的插孔中,将 2 根塑料立柱用螺丝固定在底板 A 上,盖上顶盖 F,再用 2 个螺丝将顶盖和立柱固定。装配后的效果如图 4 - 44 所示。

图 4 - 44　蓝牙音箱实物图

4.2.3　声控旋律灯电路调试

一、声控旋律灯电路调试

① 给声控旋律灯电路通电。拆下 6 块亚克力板,将 PCB 板平放在桌面上,将声控旋律灯的 USB 线接到开关电源上,建议使用学习任务 3.2 中制作的开关电源实物。通电后如有异常,应立即断电检查。

② 放大电路静态电位测试。在不用电烙铁焊下驻极体话筒使电路断开的情况下,放大电路的静态测试应在安静的环境中进行。以数字万用表为例,将万用表打到直流 20 V 挡,红表笔接 V_{cc},黑表笔接 GND,测放大电路的电源电压并填表。黑表笔接 GND 不变,红表笔分别接 Q_1 的发射极 E、基极 B、集电极 C 和 MIC 正极,测出各自电位后填表 4 - 19,并判断三极管 Q_1 的工作状态。

表 4 - 19　放大电路静态电位测试表

电源电压 V_{cc}	V_E	V_B	V_C	V_{MIC}	Q_1 工作状态

③ 放大电路静态电流测试。在不断开电路的情况下,可用间接测量法测出 Q_1 各极静态电流。例如:先测出集电极电阻 R_3 的电压,再除以 R_3 即为集电极电流 I_C;测出基极电阻 R_2 的电压,再除以 R_2 即为基极电流 I_B,再利用 $I_B + I_C = I_E$,算出发射极电流 I_E;最后再利用

$\beta \approx I_c / I_B$ 估算三极管电流放大系数 β 值,填入表 4 - 20 中。

表 4 - 20　放大电路静态电流测试表

V_{R3}	I_c	V_{R2}	I_B	I_E	电流放大系数 β

④ 放大电路动态测试前的准备。接通示波器电源,将示波器探头接于示波器右下角(视示波器型号而定,通常在右下角)方波输出端,用于校准示波器。观察示波器波形,读出频率和幅度的读数后填表(视示波器型号而定,通常为 1 kHz、2～5 V)。接通信号发生器电源,将示波器接到信号发生器的输出端,调节信号发生器,使示波器显示正弦波,且频率 $f = 1$ kHz、"峰–峰"值 $V_{pp} = 20$ mV(幅度为 10 mV,有效值约 7 mV)。读出信号发生器的频率后填入表 4 - 21 中,并保持信号发生器的频率和幅度不变。

表 4 - 21　信号发生器测试表

仪　器	幅　度	频　率
示波器校准		
信号发生器	10 mV	
示波器读数	10 mV	1 kHz

⑤ 放大电路动态测试。切断 PCB 电源,将信号发生器的输出端接到放大电路的输入端,红色鳄鱼夹接电位器"10 k"端,黑色鳄鱼夹接电位器"V_{R1}"端。若使用双踪示波器,则示波器 A 路也接放大电路的输入端(红接红,黑接黑),B 路接放大电路的输出端。读出输入和输出电压的幅度后填入表 4 - 22 中,并计算电压放大倍数,观察波形是否有失真,输出信号和输入信号是否相位相反,发光二极管的发光个数。再把信号发生器的输出幅度分别调到 50 mV、100 mV、200 mV、400 mV,重新测量后填入表 4 - 22 中。

表 4 - 22　放大电路动态测试表

输入电压 V_i 幅度	10 mV	50 mV	100 mV	200 mV	400 mV
输出电压 V_o 幅度					
电压放大倍数 A_v					
是否失真					
是否反相					
发光个数					

二、蓝牙音箱电路调试

① 接通蓝牙音箱电源。将声控旋律灯 PCB 上的 2P 端子线插头插入蓝牙音箱 PCB 红色插座中,将两个音箱上的 2P 端子分别插入蓝牙音箱 PCB 两个白色插座中。将 USB 插头插入 5 V 电源的 USB 插座中,这时蓝牙模块、功率放大模块和声控旋律灯模块均已通电。此时,若蓝牙音箱发出"啪～啪"异常声响,则蓝牙音箱很可能因为 5 V 电源纹波系数太大而无法正常工作,需要更换开关电源(如学生自带的手机充电器、电脑 USB 接口等),或将学习任务 3.2 中的开关电源中的半波整流改成桥式整流。

②　旋律灯声控试验。5 V 电源接通后,轻轻敲击(用手指、指甲或笔均可)驻极体话筒,观察发光二极管发光情况,再逐渐加重敲击,直到 10 个发光二极管全部发光。再用双手对着驻极体话筒击掌的方法进行试验,看看 10 个发光二极管能否全部发光。

③　蓝牙音箱调试。接通蓝牙音箱电源,在学生自带的手机上打开蓝牙,按照手机提示的设备号连接该蓝牙音箱。连好后,在手机上播放某段音乐,观察蓝牙音箱的扬声器是否有声音,是否在播放此段音乐;在手机上改变播放音量,观察是否有效果;在手机上改变播放的音乐,或改成视频播放,观察是否有效果。若均是,则说明电路工作正常。

④　整机调试。将 6 块亚克力板按照前面的方法装配成一个整体,然后接通电源。用手机打开蓝牙,连接该音箱,在手机上播放某段音乐,使蓝牙音箱发出声音。观察声控旋律灯的发光情况,是否能跟着音乐的节拍和音量改变发光二极管的发光个数和快慢;在手机上改变播放音量,观察发光二极管的发光个数是否也发生变化。若均是,则说明该蓝牙音箱和声控旋律灯均工作正常。

学习情境 5　八路抢答器电路的设计与仿真

抢答器广泛应用于各种知识竞赛活动中,具有抢答、锁存、数字显示、复位等功能,是一种典型的数字产品。

本项目通过分析八路抢答器电路的控制要求,熟悉逻辑门电路基本功能测试,综合应用译码显示电路、编码器电路、触发锁存电路等功能;从单一逻辑功能测试到设计完整的八路抢答器电路,提高读者逻辑思维能力和操作能力。

项目导读

本项目要求设计一个八路抢答电路。有抢答信号输入时,相应组号的数码管显示对应的数字,此时再按其他任何一个抢答开关均无效,数码管依旧保持第一个开关按下时所对应的状态不变。第一轮结束时,主持人清零复位,准备下一轮抢答。

本项目将完成以下五个学习任务。

① 逻辑门电路功能测试;

② D 触发器电路功能测试;

③ 编码器电路功能测试;

④ 译码显示电路功能测试;

⑤ 八路抢答器电路的设计与调试。

学习任务 5.1　逻辑门电路功能测试

任务引入

电信号包括模拟信号和数字信号。模拟信号在时间和幅值上连续变化,如温度、压力、音频等;数字信号在时间和幅值上断续变化,如速度表读数、产品数量统计、数字仪表显示值等。本项目将研究数字信号,输入、输出的高、低电平分别用 0、1 表示,逻辑门电路是构成数字电路的基本组成部分,将通过介绍不同型号的芯片来验证其功能。

学习目标

① 掌握十进制、二进制、八进制、十六进制的转换;

② 掌握基本逻辑门电路的功能、型号、逻辑符号;

③ 掌握复合逻辑门电路的功能、型号、逻辑符号;

④ 能利用 Proteus 软件仿真测试基本逻辑门电路;

⑤ 能利用 Proteus 软件仿真测试复合逻辑门电路。

任务必备知识

5.1.1　数制和码制

一、数　制

1. 数制介绍

数制就是数的进位数,是数的表示方法和运算规则。生活中常用十进制表示具体的数值,它是人类发展中使用已久的计数制。在计算机内部常用二进制表示某一代码,它适用于计算机存储、传输和运算。八进制、十六进制实质是二进制的"缩位表示",便于程序员查验二进制。因此,需要学习常见的数制。

2. 常见的数制

（1）十进制

数码为:0~9;基数是 10。

运算规律:逢十进一,即:$9+1=10$。

十进制数的权展开式:

如:$50=5\times10^1$,$500=5\times10^2$,$555.5=5\times10^2+5\times10^1+5\times10^0+5\times10^{-1}$。

同样的数码在不同的数位上代表的数值不同。10^2、10^1、10^0、10^{-1} 称为十进制数的权,各数位的权是 10 的幂。任意一个十进制数都可以表示为各个数位上的数码与其对应的权的乘积之和,称权展开式。

（2）二进制

数码为:0、1;基数是 2。

运算规律:逢二进一,即:$1+1=10$。

二进制数的权展开式:

如:$(101.01)_2=1\times2^2+0\times2^1+1\times2^0+0\times2^{-1}+1\times2^{-2}=(5.25)_{10}$

> 各数位的权是 2 的幂

二进制数只有 0 和 1 两个数码,它的每一位都可以用电子元件来实现,且运算规则简单,相应的运算电路也容易实现。

运算规则如下:

加法规则:$0+0=0$, $0+1=1$, $1+0=1$, $1+1=10$

乘法规则:$0\cdot0=0$, $0\cdot1=0$, $1\cdot0=0$, $1\cdot1=1$

（3）八进制

数码为:0~7;基数是 8。

运算规律:逢八进一,即:$7+1=10$。

八进制数的权展开式:

如:$(207.4)_8=2\times8^2+0\times8^1+7\times8^0+4\times8^{-1}=(135.5)_{10}$

> 各数位的权是 8 的幂

（4）十六进制

数码为：0～9、A～F；基数是 16。

运算规律：逢十六进一，即：F+1=10。

十六进制数的权展开式：

如：$(D8.8)_{16}=13\times16^1+8\times16^0+8\times16^{-1}=(216.5)_{10}$

各数位的权是 16 的幂

十进制、二进制、八进制、十六进制之间的具体转换见表 5－1。

表 5－1　几种进制数之间的对应关系

十进制数	二进制数	八进制数	十六进制数
0	0000	0	0
1	0001	1	1
2	0010	2	2
3	0011	3	3
4	0100	4	4
5	0101	5	5
6	0110	6	6
7	0111	7	7
8	1000	10	8
9	1001	11	9
10	1010	12	A
11	1011	13	B
12	1100	14	C
13	1101	15	D
14	1110	16	E
15	1111	17	F

二、数制转换

1. 各种数制转换成十进制

按权展开求和，方法如二进制、八进制、十六进制的权展开。

2. 十进制转换为任意进制

整数和小数分别转换：

整数部分：除 X 取余法（X 表示任意进制数）

小数部分：乘 X 取整法（X 表示任意进制数）

【例 5－1】　将十进制数 $(33.375)_{10}$ 转换成二进制数 。

解：

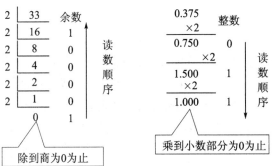

故，$(33.375)_{10} = (100001.011)_2$

转换规律：十进制转换为 X 进制，整数部分除 X 取余数，一直除到商为 0 为止；小数部分，乘 X 取整，一直乘到小数部分为 0 为止。

3. 二进制与八进制间的相互转换

（1）二进制转换为八进制

【例 5－2】 将二进制数$(11100101.11101011)_2$转换为八进制数。

解：

011	100	101	111	010	110
↓	↓	↓	↓	↓	↓
3	4	5	7	2	6

转换规律：从小数点开始，整数部分向左（小数部分向右）三位一组，最后不足三位的加 0 补足三位，再按顺序写出各组对应的八进制数，即每三位二进制数对应一位八进制数。整数部分高位补 0，小数部分低位补 0。

故，$(11100101.11101011)_2 = (345.726)_8$

（2）八进制转换为二进制

【例 5－3】 $(745.361)_8 = (111\ 100\ 101.011\ 110\ 001)_2$

转换规律：每一位八进制数对应三位二进制数，再按原顺序排列。

4. 二进制和十六进制间的相互转换

（1）二进制转换为十六进制

【例 5－4】 将二进制数$(10011111011.111011)_2$转换为十六进制数。

解：

0100	1111	1011.	1110	1100
↓	↓	↓	↓	↓
4	F	B	E	C

转换规律：从小数点开始，整数部分向左（小数部分向右）四位一组，最后不足四位的加 0 补足四位，再按顺序写出各组对应的十六进制数，即每四位二进制数对应一位十六进制数。整数部分高位补 0，小数部分低位补 0。

故，$(10011111011.111011)_2 = (4FB.EC)_{16}$

（2）十六进制转换为二进制

【例 5－5】 $(3BE5.97D)_{16} = (0011\ 1011\ 1110\ 0101.1001\ 0111\ 1101)_2$

转换规律:每位十六进制数用四位二进制数代替,再按原顺序排列。整数部分高位 0 和小数部分低位 0 应去除。

三、码　制

以二进制码表示一个十进制数的代码,称为二—十进制码,即 BCD(Binary Code Decimal)码。8421 码是 BCD 代码中最常用的一种,在这种编码方式中每一位二值代码的 1 都代表一个固定数值,把每一位的 1 代表的十进制数加起来,得到的结果就是它所代表的十进制数码。由于代码中从左到右每一位的 1 分别表示 8,4,2,1,所以把这种代码叫作 8421 代码。每一位的 1 代表的十进制数称为这一位的权,8421 码中的每一位的权是固定不变的。不同码制对应的十进制数如表 5-2 所列。

表 5-2　不同码制对应十进制数

十进制数	有权码				无权码
	8421 码	5421 码	2421A	2421B	余 3 码
0	0000	0000	0000	0000	0011
1	0001	0001	0001	0001	0100
2	0010	0010	0010	0010	0101
3	0011	0011	0011	0011	0110
4	0100	0100	0100	0100	0111
5	0101	1000	0101	1011	1000
6	0110	1001	0110	1100	1001
7	0111	1010	0111	1101	1010
8	1000	1011	1110	1110	1011
9	1001	1100	1111	1111	1100

【例 5-6】　用 BCD 码表示十进制数。

解:

$(36)_{10} = (0011 \quad 0110\ )_{8421BCD}$,

$(4.79)_{10} = (0100.0111\ 1001)_{8421BCD}$,

$(0101\ 0000)_{8421BCD} = (50)_{10}$。

注意区别 BCD 码与数制。

5.1.2　基本逻辑门电路功能测试

一、与门电路

1. 逻辑关系

仅当决定事件(Y)发生的所有条件(A,B,C,…)均满足时,事件(Y)才能发生,这样的逻辑关系称为与逻辑。与逻辑电路图如图 5-1 所示。

① 当开关 A、B 都断开,灯 Y 不亮。

② 当开关 A 断开、开关 B 接通,灯 Y 不亮。

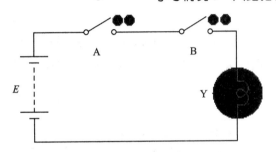

图 5-1　与逻辑电路图

③ 当开关 A 接通、开关 B 断开,灯 Y 不亮。

④ 当开关 A、B 都接通,灯 Y 亮。

2. 逻辑表达式

开关 A,B 串联控制灯泡 Y,表达式为:Y=AB,如果是多个开关串联,则有 Y=AB…

3. 逻辑符号及对应的型号

实现与逻辑的电路称为与门,符号如图 5-2 所示,对应的芯片型号有 74LS08、74LS09、74LS11、74LS15 等。

74LS08 是 74XXYY 系列集成电路芯片之一,有四个与门,每个门带有 2 个输入端,1 个输出端,是 2 输入 4 与门集成电路芯片,常被应用于各种功能的数字电路。该芯片一共有 14 个引脚,每排 7 个引脚,其中 14 号是电源端,通常接+5 V 的电压,7 号是接地端,其管脚图如图 5-3 所示。

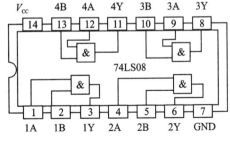

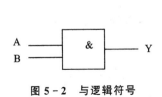

图 5-2　与逻辑符号　　　　　　　图 5-3　74LS08 引脚图

4. 真值表

将开关接通记作 1,断开记作 0;灯亮记作 1,灯灭记作 0。

这种把所有可能的条件组合及其对应结果一一列出来的表格叫作真值表。

实现与逻辑的电路称为与门。与逻辑真值如表 5-3 所列。

表 5-3　与逻辑真值表

A	B	Y
0	0	0
0	1	0
1	0	0
1	1	1

5. 逻辑功能

观察表5-3发现,Y输出为0时有三种情况,这三种情况中输入都有一个共同的特点,输入量至少有一个0,Y输出为1时只有一种情况,输入量同时为1,因此总结如下:有0出0,全1出1。

二、或门电路

1. 逻辑关系

当决定事件(Y)发生的各种条件(A,B,C,…)中,只要有一个或多个条件具备,事件(Y)就发生,这样的逻辑关系称为或逻辑。或逻辑电路图如图5-4所示。

(1) 当开关 A、B 都断开,灯 Y 不亮。

(2) 当开关 A 断开、开关 B 接通,灯 Y 亮。

(3) 当开关 A 接通、开关 B 断开,灯 Y 亮。

(4) 当开关 A、B 都接通,灯 Y 亮。

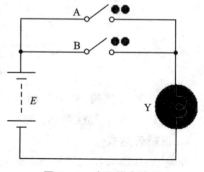

图 5-4 或逻辑电路图

2. 逻辑表达式

开关 A,B 并联控制灯泡 Y,表达式为:$Y = A + B$,如果是多个开关并联,则有 $Y = A + B + \cdots$

3. 逻辑符号及对应的型号

实现或逻辑的电路称为或门,符号如图5-5所示,对应的芯片型号有74LS32、CD4071、CD4072、CD4075 等。

74LS32 是 74XXYY 系列集成电路芯片之一,有四个或门,每个门带有 2 个输入端,1 个输出端,是 2 输入四或门集成电路芯片,常被应用在各种功能的数字电路中。该芯片一共有 14 个引脚,每排 7 个引脚,其中 14 号是电源端,通常接 +5 V 的电压,7 号是接地端,其引脚图如图 5-6 所示。

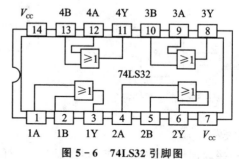

图 5-6 74LS32 引脚图

图 5-5 或逻辑符号

4. 真值表

或逻辑真值表见表5-4。

表 5-4 或逻辑真值表

A	B	Y
0	0	0
0	1	1
1	0	1
1	1	1

5. 逻辑功能

观察表 5-4 发现,Y 输出为 1 时有三种情况,这三种情况中输入都有一个共同的特点,即输入量至少有一个 1;Y 输出为 0 时只有一种情况,输入量同时为 0。因此,总结如下:有 1 出 1,全 0 出 0。

三、非门电路

1. 逻辑关系

当决定事件(Y)发生的条件(A)满足时,事件不发生;条件不满足,事件反而发生,这样的逻辑关系称为非逻辑。非逻辑电路图如图 5-7 所示。

2. 逻辑表达式

开关 A 控制灯泡 Y,表达式为:$Y = \overline{A}$

3. 逻辑符号及对应的型号

非逻辑符号如图 5-8 所示。

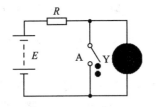

图 5-7　非逻辑电路图

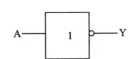

图 5-8　非逻辑符号

实现非逻辑的电路称为非门,对应的芯片型号有 74LS04、74LS05、CD4069 等。

74LS04 是 74XXYY 系列集成电路芯片之一,有 6 个非门,每个门带有 1 个输入端,1 个输出端,是单输入六反相器集成电路芯片,常被应用在各种功能的数字电路中。该芯片一共有 14 个引脚,每排 7 个引脚,其中 14 号是电源端,通常接+5 V 的电压,7 号是接地端,其引脚图如图 5-9 所示。

4. 真值表

非逻辑真值表如表 5-5 所列。

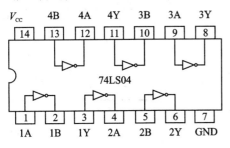

图 5-9　74LS04 引脚图

表 5-5　非逻辑真值表

A	Y
0	1
1	0

5. 逻辑功能

非逻辑的输入输出有如下关系:有 0 出 1,有 1 出 0。

5.1.3 复合逻辑门电路功能测试

一、与非门电路

1. 逻辑组成

在与门后接一非门,即构成与非门。与非逻辑组成如图 5-10 所示。

2. 逻辑表达式

与非逻辑表达式为: $$Y = \overline{AB}$$

3. 逻辑符号及对应的型号

与非逻辑符号如图 5-11 所示。

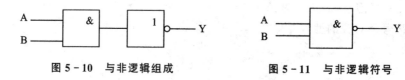

图 5-10　与非逻辑组成　　　　　　图 5-11　与非逻辑符号

实现与非逻辑的电路称为与非门,对应的芯片型号有 74LS00、74LS10、74LS20、74LS30 等。

74LS00 是 74XXYY 系列集成电路芯片之一,有四个与非门,每个门带有 2 个输入端,1 个输出端,是 2 输入四与非门集成电路芯片,常应用于各种功能的数字电路。该芯片一共有 14 个引脚,每排 7 个引脚,其中 14 号是电源端,通常接 +5 V 的电压,7 号是接地端,引脚图如图 5-12 所示。

74LS10 有 3 个与非门,每个门带有 3 个输入端,1 个输出端;74LS20 有 2 个与非门,每个门带有 4 个输入端,1 个输出端;74LS30 有 1 个与非门,每个门带有 8 个输入端,1 个输出端。

4. 真值表

与非真值表见表 5-6。

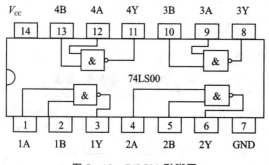

图 5-12　74LS00 引脚图

表 5-6　与非真值表

A	B	Y
0	0	1
0	1	1
1	0	1
1	1	0

5. 逻辑功能

观察表 5-6 发现,Y 输出为 1 时有三种情况,这三种情况中输入都有一个共同的特点,即输入量至少有一个 0;Y 输出为 0 时只有一种情况,输入量同时为 1。因此,总结如下:有 0 出 1,全 1 出 0。

二、或非门电路

1. 逻辑组成

在或门后接一非门,即构成或非门。或非逻辑组成如图 5-13 所示。

2. 逻辑表达式

或非逻辑表达式为:$Y = \overline{A+B}$

3. 逻辑符号及对应的型号

或非逻辑符号如图 5-14 所示。

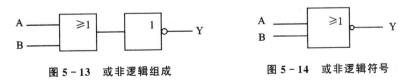

图 5-13　或非逻辑组成　　　　图 5-14　或非逻辑符号

实现或非逻辑的电路称为或非门,对应的芯片型号有 74LS02、74LS27、CD4025 等。

74LS02 是 74XXYY 系列集成电路芯片之一,有 4 个或非门,每个门带有 2 个输入端,1 个输出端,是 2 输入四或非集成电路芯片,常应用于各种功能的数字电路。该芯片一共有 14 个引脚,每排 7 个管脚,其中 14 号是电源端,通常接+5 V 电源,7 号是接地端,引脚图如图 5-15 所示。

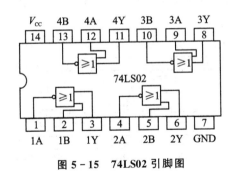

图 5-15　74LS02 引脚图

4. 真值表

或非真值表见表 5-7。

表 5-7　或非真值表

A	B	Y
0	0	1
0	1	0
1	0	0
1	1	0

5. 逻辑功能

观察表 5-7 发现,Y 输出为 0 时有三种情况,这三种情况中输入都有一个共同的特点,即输入量至少有一个 1;Y 输出为 1 时只有一种情况,输入量同时为 0。因此,总结如下:有 1 出 0,全 0 出 1。

三、异或门电路

1. 逻辑组成

两个非门、两个与门、一个或门，即可构成异或门。异或逻辑组成如图 5-16 所示。

2. 逻辑表达式

异或逻辑表达式为：
$$Y=\overline{A}B+A\overline{B}=A\oplus B$$

3. 逻辑符号及对应的型号

异或逻辑符号如图 5-17 所示。

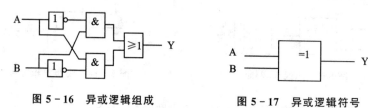

图 5-16 异或逻辑组成　　　　图 5-17 异或逻辑符号

实现异或逻辑的电路称为异或门，对应的芯片型号有 74LS86、74LS136、CD4030 等。

74LS86 是 74XXYY 系列集成电路芯片之一，有 4 个异或门，每个门带有 2 个输入端，1 个输出端，是 2 输入四异或门集成电路芯片，常应用于各种功能的数字电路。该芯片一共有 14 个引脚，每排 7 个引脚，其中 14 号是电源端，通常接 +5 V 电源，7 号是接地端，引脚图如图 5-18 所示。

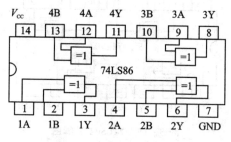

图 5-18 74LS86 引脚图

4. 真值表

异或真值表见表 5-8。

表 5-8 异或真值表

A	B	Y
0	0	0
0	1	1
1	0	1
1	1	0

5. 逻辑功能

观察表 5-8，发现 Y 输出为 0 时有两种情况，这两种情况中输入都有一个共同的特点，即输入量都相同；Y 输出为 1 时也有两种情况，即输入量都不相同。因此，总结如下：当两输入量不相同时,结果为 1;当两输入量相同时,结果为 0。

四、同或门电路

1. 逻辑组成

由逻辑非、逻辑与和逻辑或可以实现同或逻辑运算,同或是异或的非,异或是同或的非。同或逻辑组成如图 5-19 所示。

2. 逻辑表达式

同或逻辑表达式为

$$Y = \overline{AB} + AB = \overline{A \oplus B} = A \odot B$$

3. 逻辑符号及对应的型号

同或逻辑符号如图 5-20 所示。

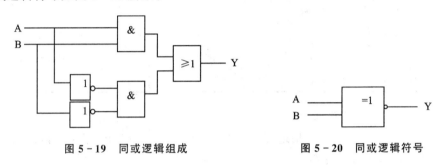

图 5-19　同或逻辑组成　　　　图 5-20　同或逻辑符号

实现同或逻辑的电路称为同或门,对应的芯片型号有 74LS266、CD4077 等。

74LS266 是 74XXYY 系列集成电路芯片之一,有 4 个同或门,每个门带有 2 个输入端,1 个输出端,是 2 输入四同或门集成电路芯片,常应用于各种功能的数字电路。该芯片一共有 14 个引脚,每排 7 个引脚,其中 14 号是电源端,通常接 +5 V 电源,7 号是接地端,引脚图如图 5-21 所示。

4. 真值表

同或真值表见表 5-9。

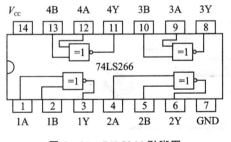

图 5-21　74LS266 引脚图

表 5-9　同或真值表

A	B	Y
0	0	1
0	1	0
1	0	0
1	1	1

5. 逻辑功能

观察表 5-9 发现,Y 输出为 0 时有两种情况,这两种情况中输入都有一个共同的特点,输入量都不相同。Y 输出为 1 时也有两种情况,输入量都相同。因此,总结如下:当两输入量相同时,结果为 1;当两输入量不相同时,结果为 0。

任务实施

仿真测试 74LS00 输入和输出之间的逻辑关系

① 打开 Proteus 软件,双击元件模式，单击，输入 Keywords(参照表 5 - 10)即可查找元器件,找到后在原理图中放置元器件,以 为中心,可通过 来查看元器件或者图纸。

表 5 - 10　元器件清单

序　号	名　称	元器件型号	数　量	备　注
1	二输入四与非门	74LS00	1	
2	单刀双掷开关	SW - SPDT	2	
3	发光二极管	LED - RED	1	
4	+5V 电源	POWER	1	无需输入
5	地	GROUND	1	无需输入
6	导线		若干	

② 在软件中拾取单刀双掷开关"SW - SPDT",旋转位置可单击，上方的图标是顺时针旋转,下方的图标是逆时针旋转,呈现" "图标表示放置位置正确,然后分两次接到 74LS00 的 1 号和 2 号引脚,作为开关输入端。

③ 单击 中第一个图标 PLAY 开始运行,调试时可根据开关 A、B 高低电平的不同进行选择,具体如图 5 - 22 所示。

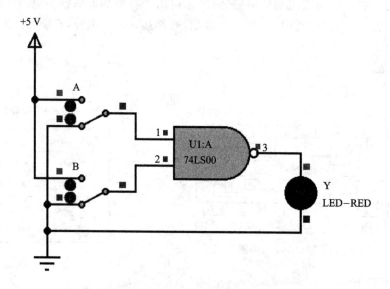

图 5 - 22　74LS00 仿真测试图

④ A、B 开关的输入可参照表 5 - 11 所列的规律进行调试,同时记录发光二极管 Y 的状态,如果灯亮,记录 1,如果灯不亮,记录 0。

表 5 - 11　74LS00 功能测试表

A	B	Y
0	0	
0	1	
1	0	
1	1	

⑤ 分别画出 74LS20 和 74LS30 的仿真图。

学习任务 5.2　D 触发器电路功能测试

任务引入

当某组优先抢答时,屏幕上会显示该组的数字,即使其他组再按下抢答按钮,屏幕上也丝毫不会有任何的变化,这里主要用到了触发器锁存功能,即 D 触发器。

学习目标

① 掌握同步 D 触发器、边沿 D 触发器的逻辑符号及工作原理;
② 掌握 74HC373 的引脚功能并能正确使用;
③ 能利用 Proteus 软件仿真测试 74HC373 的逻辑功能。

任务必备知识

5.2.1　同步 D 触发器逻辑功能测试

1. 电路组成及逻辑符号

同步 D 触发器的电路组成及逻辑符号如图 5 - 23 所示。

2. 工作原理

(1) 当 $CP=1$ 时

$Q_3=\overline{D}$, $Q_4=D$, 假设 Q 的初始状态为 0, 那么 $\overline{Q}$ 的初始状态为 1, 则 $Q=\overline{Q_3\overline{Q}}=\overline{\overline{D}\,\overline{Q}}=\overline{\overline{D}\cdot1}=D$, 触发器 Q 的状态随 D 的状态而改变。

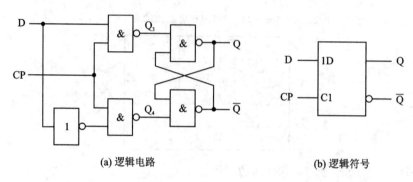

(a) 逻辑电路　　　　　　　　　　　(b) 逻辑符号

图 5-23　同步 D 触发器

（2）当 $CP=0$ 时

$Q_3=Q_4=1$，假设 Q 的初始状态为 0，那么 $\overline{Q}$ 的初始状态为 1，则 $Q=\overline{Q_3\overline{Q}}=\overline{1\overline{Q}}=\overline{\overline{Q}}=Q$，触发器保持原来状态不变，即保持为 CP 下降沿以前的 D 的状态。

表 5-12　同步 D 触发器真值表

D	Q^n	Q^{n+1}	功能说明
1	0	1	置 1
1	1	1	
0	0	0	置 0
0	1	0	

现态 Q^n：触发器接收输入信号之前的状态；

次态 Q^{n+1}：触发器接收输入信号之后的新状态。

总结：当 $CP=1$ 时，$Q^{n+1}=D$；当 $CP=0$ 时，$Q^{n+1}=Q^n$。

3. 时序图

如果已知 CP 和 D 的波形，则可画出同步 D 触发器的波形图，图 5-24 为同步 D 触发器的波形图。设触发器初始状态为 0。

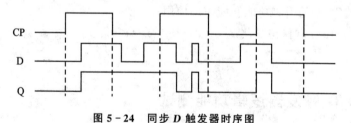

图 5-24　同步 D 触发器时序图

5.2.2　边沿 D 触发器逻辑功能测试

1. 电路组成及逻辑符号

边沿 D 触发器电路组成及逻辑符号如图 5-25 所示。

边沿触发器：靠 CP 脉冲上升沿或下降沿进行触发。

正边沿触发器：靠 CP 脉冲上升沿触发。

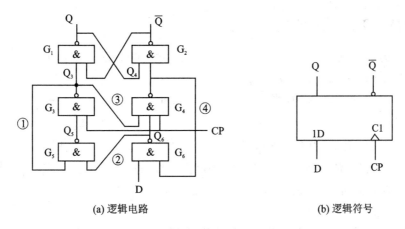

(a) 逻辑电路   (b) 逻辑符号

图 5 - 25   边沿 D 触发器

负边沿触发器:靠 CP 脉冲下降沿触发。

触发方式:边沿触发方式。可提高触发器工作的可靠性,增强抗干扰能力。

2. 工作原理

① 当 $CP=0$ 时,G_3、G_4 被封锁,触发器的输出状态保持不变。

② 当 CP 从 0 变为 1 时,G_3、G_4 打开,它们的输出由 G_5、G_6 决定。此瞬间,若 $D=0$,触发器被置为 0 状态;若 $D=1$,触发器被置为 1 状态。

③ 当 CP 从 0 变为 1 之后,虽然 $CP=1$,门 G_3、G_4 是打开的,但由于电路中几条反馈线 ①～④ 的维持—阻塞作用,输入信号 D 的变化不会影响触发器的置 1 和置 0,使触发器能够可靠地置 1 和置 0。因此,该触发器称为维持—阻塞触发器。

可见,该触发器的触发方式为:在 CP 脉冲上升沿到来之前接受 D 输入信号,当 CP 从 0 变为 1 时,触发器的输出状态将由 CP 上升沿到来之前一瞬间 D 的状态决定。

由于触发器接受输入信号及状态的翻转均是在 CP 脉冲上升沿前后完成的,故称为边沿触发器。

3. 时序图

如果已知 CP 和 D 的波形,则可画出边沿 D 触发器的波形图,图 5 - 26 为边沿 D 触发器的波形图。设触发器初始状态为 0。

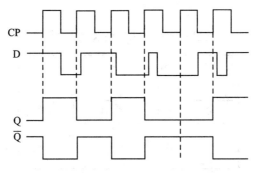

图 5 - 26   边沿 D 触发器波形图

5.2.3 74HC373 逻辑功能测试

74HC373 为三态输出的八 D 透明锁存器,它的输出端 $Q_0 \sim Q_7$ 可直接与总线相连。74HC373 引脚排列如图 5-27 所示。

$D_0 \sim D_7$:74HC373 输入端,当 $\overline{OE}=0, LE=1$ 时,$Q_0 = D_0$,即 $Q_n = D_n$。

$\overline{OE}$:三态允许控制端,当 $\overline{OE}$ 为低电平时,$Q_0 \sim Q_7$ 为正常逻辑状态,可用来驱动负载或总线。当 $\overline{OE}$ 为高电平时,$Q_0 \sim Q_7$ 呈高阻态,即不驱动总线,也不为总线的负载,但锁存器内部的逻辑操作不受影响。

LE:锁存允许端,当 LE 为高电平时,Q 随数据 D 而变。当 LE 为低电平时,Q 被锁存在已建立的数据电平,如图 5-28 所示。

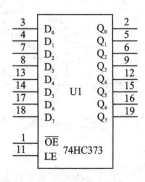

图 5-27　74HC373 引脚排列

$Q_0 \sim Q_7$:74HC373 输出端,与八个输入一一对应,如 Q_0 对应 D_0,Q_1 对应 D_1。

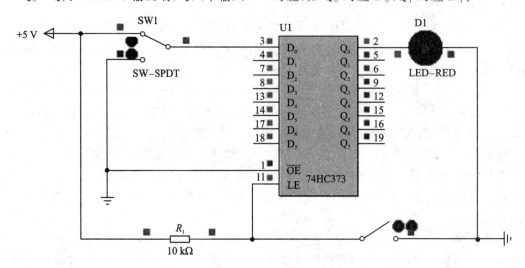

图 5-28　74HC373 逻辑功能测试

具体功能见表 5-13。

表 5-13　74HC373 逻辑功能

D_n	LE	$\overline{OE}$	Q_n
H	H	L	H
L	H	L	L
×	L	L	Q_0
×	×	H	Z

任务实施

1. 同步 D 触发器逻辑功能仿真测试

同步 D 触发器如图 5-29 所示。

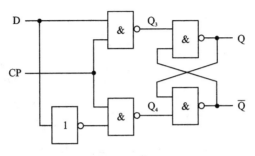

图 5-29　同步 D 触发器逻辑电器

① 打开 Proteus 软件，双击元件模式▣，单击▣，参照表 5-14 输入 Keywords，即可查找元器件。

表 5-14　元器件清单

序　号	名　　称	元器件型号	数　量	备　注
1	单刀双掷开关	SW-SPDT	2 个	
2	二输入四与非门	74LS00	2 片	
3	发光二极管	LED-GREEN	2 个	
4	直流电源+5 V	POWER	1 个	
5	地线	GROUND	1 根	
6	导线		若干	

② 根据图 5-29 进行元器件布局，从原理图左边到右边进行布局，以图纸的 ✚ 为中心，仿真效果如图 5-30 所示。

③ 功能测试。

a. CP 脉冲信号打到上方，表示接_____电平，输入端 D 分别打到_____电平和_____电平，观察输出端 Q 和 $\overline{Q}$ 的发光情况，灯亮表示高电平 1，灯灭表示低电平 0，记录到表格 5-15 中；

b. CP 脉冲信号打到下方，表示接_____电平，输入端 D 分别打到高电平和低电平，观察输出端 Q 和 $\overline{Q}$ 的发光情况并记录到表格 5-15 中。

表 5-15　同步 D 触发器逻辑功能测试

CP	D	Q^n	Q^{n+1}
0	0	0	
0	1	0	
1	0	0	
1	1	0	

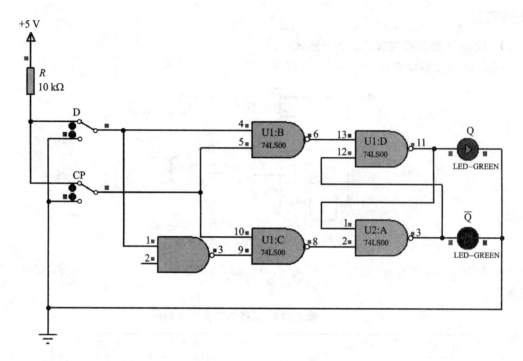

图 5 - 30　Proteus 仿真测试同步 *D* 触发器

④ 图 5 - 30 中两只发光二极管方向如果都反了,同步 *D* 触发器的电路功能_____(可以或不可以)实现,如果不能实现,电路中可通过_____来实现。

2. 边沿 *D* 触发器逻辑功能仿真测试

边沿 *D* 触发器如图 5 - 31 所示。

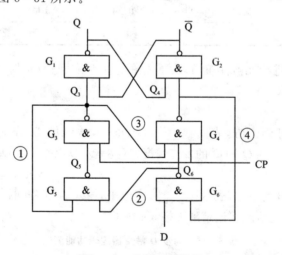

图 5 - 31　边沿 *D* 触发器

① 打开 Proteus 软件,双击元件模式,单击,参照表 5 - 16 输入 Keywords,即可查找元器件。

表 5 - 16　元器件清单

序　号	名　　称	元器件型号	数　量	备　注
1	单刀双掷开关	SW - SPDT	2个	
2	二输入四与非门	74LS00	2片	
3	四输入二与非门	74LS20	1片	
4	发光二极管	LED - GREEN	2个	
5	直流电源＋5 V	POWER	1个	
6	地线	GROUND	1根	
7	导线		若干	

② 元器件布局及连线。方法同同步 D 触发器,不再详细叙述。

③ 功能测试。按照表 5 - 17 进行仿真测试并记录相关数据。

表 5 - 17　边沿 D 触发器逻辑功能测试

D	Q^n	Q^{n+1}
0	0	
0	1	
1	0	
1	1	

④ 为了仿真中方便输入,假设边沿 D 触发器图中所有的与非门都用 74LS20 实现,则需要_____片 74LS20 芯片。

3. 74HC373 逻辑功能仿真测试

① 打开 Proteus 软件,双击元件模式 ⬆,单击 🅿,参照表 5 - 18 输入 Keywords 即可查找元器件。

表 5 - 18　元器件清单

序　号	名　　称	元器件型号	数　量	备　注
1	单刀双掷开关	SW - SPDT	2个	
2	八 D 触发器	74HC373	1个	
3	发光二极管	LED - GREEN	2个	
4	直流电源＋5 V	POWER	1个	
5	地线	GROUND	1根	
6	导线		若干	

② 按图 5 - 32 所示接线。

③ 将锁存允许端 LE、三态允许控制端 $\overline{OE}$、输入端 $D_0 \sim D_7$ 按照表 5 - 19 进行选择,观察输出端的发光情况并记录到表格 5 - 19 中。

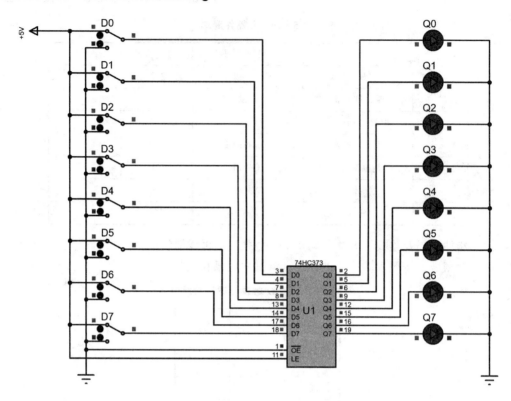

图 5 - 32　74HC373 逻辑功能测试

表 5 - 19　74HC373 真值表

LE	$\overline{OE}$	D_0	D_1	D_2	D_3	D_4	D_5	D_6	D_7	Q_0	Q_1	Q_2	Q_3	Q_4	Q_5	Q_6	Q_7
0	1	×	×	×	×	×	×	×	×								
1	0	1	0	0	0	0	0	0	0								
1	0	0	1	0	0	0	0	0	0								
1	0	0	0	1	0	0	0	0	0								
1	0	0	0	0	1	0	0	0	0								
1	0	0	0	0	0	1	0	0	0								
1	0	0	0	0	0	0	1	0	0								
1	0	0	0	0	0	0	0	1	0								
1	0	0	0	0	0	0	0	0	1								

学习任务 5.3　编码器电路功能测试

任务引入

　　用二进制代码表示文字、符号或者数码等特定对象的过程,称为编码。实现编码功能的逻辑电路,称为编码器。本项目将通过编码器的应用进行逻辑功能测试,为八路抢答器电路的设计做准备。

学习目标

① 掌握 74LS148 的引脚功能并能正确使用;

② 能利用 Proteus 软件仿真测试 74LS148 的逻辑功能;

③ 能应用 74LS148 设计病房呼叫电路。

任务必备知识

5.3.1 74LS148 逻辑功能测试

在优先编码器中,允许同时输入两个以上的有效编码请求信号。当几个输入信号同时出现时,只对其中优先权最高的一个进行编码。

优先级别的高低由设计者根据输入信号的轻重缓急情况而定。如医院根据病情而设定优先权,具体如表 5-20 所列。

表 5-20 优先编码器

输 入									输 出				
$\overline{S}$	$\overline{I_0}$	$\overline{I_1}$	$\overline{I_2}$	$\overline{I_3}$	$\overline{I_4}$	$\overline{I_5}$	$\overline{I_6}$	$\overline{I_7}$	$\overline{Y_2}$	$\overline{Y_1}$	$\overline{Y_0}$	$\overline{Y_s}$	$\overline{Y_{EX}}$
1	×	×	×	×	×	×	×	×	0	1	1	1	1
0	1	1	1	1	1	1	1	1	1	1	1	0	0
0	×	×	×	×	×	×	×	0	0	0	0	1	0
0	×	×	×	×	×	×	0	1	0	0	1	1	0
0	×	×	×	×	×	0	1	1	0	1	0	1	0
0	×	×	×	×	0	1	1	1	0	1	1	1	0
0	×	×	×	0	1	1	1	1	1	0	0	1	0
0	×	×	0	1	1	1	1	1	1	0	1	1	0
0	×	0	1	1	1	1	1	1	1	1	0	1	0
0	0	1	1	1	1	1	1	1	1	1	1	1	0

① 编码输入端 $\overline{I_0} \sim \overline{I_7}$:上面均有"—"号,表示编码输入低电平有效。

② 编码输出端 $\overline{Y_2}\,\overline{Y_1}\,\overline{Y_0}$:从功能表可以看出,74LS148 编码器的编码输出是反码。

③ 选通输入端:只有 $\overline{S} = 0$ 时,编码器才处于工作状态;而在 $\overline{S} = 1$ 时,编码器处于禁止状态,所有输出端均被封锁为高电平。

④ 选通输出端 $\overline{Y_s}$ 和扩展输出端 $\overline{Y_{EX}}$:为扩展编码器功能而设置。

5.3.2 74LS148 实际应用

某医院有一、二、三、四号病室 4 间,每室设有呼叫按钮,同时在护士值班室内对应地装有一、二、三、四 4 个指示灯。现要求当一号病室的呼叫按钮按下时,无论其他病室的呼叫按钮是否按下,只有一号灯亮。当一号病室的呼叫按钮没有按下,而二号病室的按钮按下时,无论三、四号病室的按钮是否按下,只有二号灯亮。当一号、二号病室的呼叫按钮没有按下,而三号病室的呼叫按钮按下时,无论四号病室的呼叫按钮是否按下,只有三号灯亮。只有在一号、二号、三号病室的呼叫按钮没有按下,而四号病室的呼叫按钮按下时,四号灯才亮。试分别用门电路和优先编码器 74LS148 设计满足上述要求的逻辑电路。

1. 列真值表

设一、二、三、四号病室分别为输入变量 $\overline{X_1}$、$\overline{X_2}$、$\overline{X_3}$、$\overline{X_4}$,当其值为 0 时,表示呼叫按钮按下,为 1 时表示没有按呼叫按钮;将它们接到 74LS148 的 $\overline{I_4}$、$\overline{I_3}$、$\overline{I_2}$、$\overline{I_1}$ 输入端后,便在 74LS148 的输出端 $\overline{A_2}$、$\overline{A_1}$、$\overline{A_0}$ 得到对应的输出编码。设一、二、三、四号病室呼叫指示灯分别为 Z_1、Z_2、Z_3、Z_4,其值为 1 指示灯亮,否则灯不亮,列出真值表,如表 5 - 21 所列。

表 5 - 21 病房呼叫控制电路真值表

$\overline{X_1}$	$\overline{X_2}$	$\overline{X_3}$	$\overline{X_4}$	$\overline{A_2}$	$\overline{A_1}$	$\overline{A_0}$	Z_1	Z_2	Z_3	Z_4
0	×	×	×	0	1	1	1	0	0	0
1	0	×	×	1	0	0	0	1	0	0
1	1	0	×	1	0	1	0	0	1	0
1	1	1	0	1	1	0	0	0	0	1
1	1	1	1	1	1	1	0	0	0	0

2. 写表达式

根据表 5 - 21,分别列写 Z_1、Z_2、Z_3、Z_4 的表达式。

以列写 Z_1 的表达式为例。由表 5 - 21 可知,$Z_1 = 1$ 对应的 $\overline{A_2}\,\overline{A_1}\,\overline{A_0} = 011$,规定原变量保持不变,反变量须变换一下,故 $Z_1 = \overline{\overline{A_2}} \cdot \overline{A_1} \cdot \overline{A_0}$。

Z_2、Z_3、Z_4 的表达式列写方法同 Z_1,结果如下:

$$
\begin{cases}
Z_1 = \overline{\overline{A_2}} \cdot \overline{A_1} \cdot \overline{A_0} \\
Z_2 = \overline{A_2} \cdot \overline{\overline{A_1}} \cdot \overline{\overline{A_0}} \\
Z_3 = \overline{A_2} \cdot \overline{\overline{A_1}} \cdot \overline{A_0} \\
Z_4 = \overline{A_2} \cdot \overline{A_1} \cdot \overline{\overline{A_0}}
\end{cases}
$$

3. 画出逻辑图

由表达式可得出用 74LS148 和门电路实现题目要求的电路如图 5 - 33 所示。

任务实施

1. 设计一个可供 6 个病房呼叫的简易呼叫系统

要求如下:

A. 能满足来自 6 个病房的呼叫,为每个病房设置呼叫开关;

B. 当有多个病房同时呼叫时,护士值班室显示优先级别最高的病房指示灯;

C. 用 LED 灯显示病房的呼叫,当一号病房的呼叫按钮按下时,无论其他病房的呼叫按钮是否按下,只有一号灯亮。当一号病房的按钮没有按下,而二号病房的按钮按下时,无论三、四

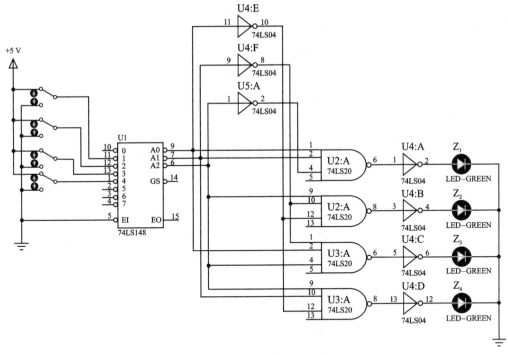

图 5 – 33　74LS148 应用仿真图

号病房的按钮是否按下,只有二号灯亮,其他病房同理;

D. 要求用 74LS148 和其他门电路实现。

① 根据控制要求,完成真值表 5 – 22。

表 5 – 22　病房呼叫控制电路真值表

$\overline{X_1}$	$\overline{X_2}$	$\overline{X_3}$	$\overline{X_4}$	$\overline{X_5}$	$\overline{X_6}$	$\overline{A_2}$	$\overline{A_1}$	$\overline{A_0}$	Z_1	Z_2	Z_3	Z_4	Z_5	Z_6
0	×	×	×	×	×	1	1	0						
1	0	×	×	×	×	1	0	1						
1	1	0	×	×	×	1	0	0						
1	1	1	0	×	×	0	1	1						
1	1	1	1	0	×	0	1	0						
1	1	1	1	1	0	0	0	1						
1	1	1	1	1	1	1	1	1						

② 根据真值表写出 $Z_1 \sim Z_6$ 的表达式并转化为与非的表达式。

a. $Z_1 =$

b. $Z_2 =$

c. $Z_3 =$

d. $Z_4 =$

e. $Z_5 =$

f. $Z_6 =$

③ 此设计电路中编码输入端有_____（优先权从高到低）,_____电平有效,对应

_____脚;编码输出端有_____,_____码有效,对应_____。

2. 仿真一个 6 个病房呼叫的简易呼叫系统

① 根据题 1 的设计列出元器件清单,填入表 5-23 中。

表 5-23　元器件清单

序　号	名　　称	元器件型号	数　量	备　注

② 逻辑电路图。

6 个病房的呼叫系统逻辑电路如图 5-34 所示。

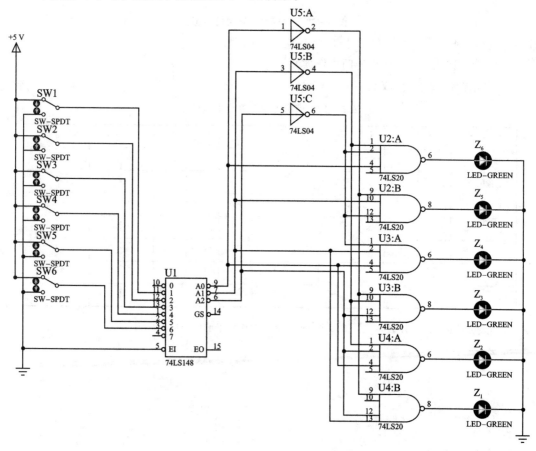

图 5-34　6 个病房呼叫系统

③ 按下"仿真"运行,当 $\overline{X_1}$ 按下时,表示_____病房按下,此时即使其他病房按钮按下也均无效,护士台只显示_____病房的指示灯;当 $\overline{X_2}$ 按下时,_____未按下,表示_____病房按下,_____按钮按下也均无效,护士台只显示_____病房的指示灯_____。

学习任务 5.4　译码显示电路功能测试

任务引入

译码器在数字系统中有广泛的用途,不仅用于代码的转换,终端的数字显示,还用于数据分配,存储器寻址和组合控制信号等。实现不同的功能可选用不同种类的译码器。本任务将通过学习译码显示电路的功能、应用,为设计八路抢答器做准备。

学习目标

① 掌握 74LS138 的引脚功能并能正确使用;
② 能利用 Proteus 软件仿真测试 74LS138 的逻辑功能;
③ 能应用 74LS138 设计应用电路。

任务必备知识

5.4.1　74LS138 逻辑功能测试

译码器是一个多输入、多输出的逻辑电路,它的作用是把给定的代码进行"翻译",变成相应的状态,使输出通道中相应的一路有信号输出。译码器包含变量译码器、二一十进制译码器、数码显示译码器。由于篇幅问题,本项目只介绍变量译码器和数码显示译码器。

变量译码器(又称二进制译码器),用以表示输入变量的状态,如 2 线-4 线、3 线-8 线、4 线-16 线译码器。若有 n 个输入变量,则有 2^n 个不同的组合状态,就有 2^n 个输出端供其使用。而每一个输出所代表的函数对应于 n 个输入变量的最小项。

以 3 线-8 线译码器 74LS138 为例进行分析,其引脚如图 5-35 所示。

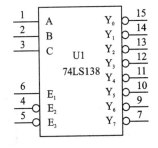

图 5-35　74LS138 引脚

其中 C、B、A 为地址输入端,高位是 C,其次是 B,最后是 A,分别用 421 编码;E_1、$\overline{E_2}$、$\overline{E_3}$ 是使能端;$\overline{Y_0} \sim \overline{Y_7}$ 是译码器输出端,接线端有一个圆圈,表示低电平有效,接线端无圆圈,表示高电平有效。74LS138 逻辑功能如表 5-24 所列。

① 当 $E_1=0$ 时,无论其他输入信号是什么,输出都是高电平,即无效信号。

② 当 $\overline{E_2}+\overline{E_3}$ 为高电平时,无论其他输入信号是什么,输出都是高电平,即无效信号。

③ 当 $E_1=1$,$\overline{E_2}+\overline{E_3}=0$ 时,输出信号 $\overline{Y_0} \sim \overline{Y_7}$ 才取决于输入信号 C、B、A 的组合。

表 5 - 24　74LS138 逻辑功能

输　入					输　出							
E_1	$\overline{E_2}+\overline{E_3}$	C	B	A	$\overline{Y_0}$	$\overline{Y_1}$	$\overline{Y_2}$	$\overline{Y_3}$	$\overline{Y_4}$	$\overline{Y_5}$	$\overline{Y_6}$	$\overline{Y_7}$
0	×	×	×	×	1	1	1	1	1	1	1	1
×	1	×	×	×	1	1	1	1	1	1	1	1
1	0	0	0	0	0	1	1	1	1	1	1	1
1	0	0	0	1	1	0	1	1	1	1	1	1
1	0	0	1	0	1	1	0	1	1	1	1	1
1	0	0	1	1	1	1	1	0	1	1	1	1
1	0	1	0	0	1	1	1	1	0	1	1	1
1	0	1	0	1	1	1	1	1	1	0	1	1
1	0	1	1	0	1	1	1	1	1	1	0	1
1	0	1	1	1	1	1	1	1	1	1	1	0

5.4.2　74LS138 实际应用

用 3 - 8 线译码器 74LS138 实现三人表决器，当两人及两人以上同意时，表决通过，否则表决不通过。

（1）列出真值表

假设 C、B、A 表示三人，为 1 表示同意，为 0 表示反对，Y 表示结果，为 1 表示表决通过，为 0 表示表决不通过，对应的真值表见表 5 - 25。

表 5 - 25　三人表决器真值表

输　入			输　出
C	B	A	Y
0	0	0	0
0	0	1	0
0	1	0	0
0	1	1	1
1	0	0	0
1	0	1	1
1	1	0	1
1	1	1	1

（2）写出最小项表达式

表达式列写的时候只挑选输出 $Y=1$ 对应的输入情况，故由真值表 5 - 25 可列出最小项表达式：$Y=\overline{C}BA+C\overline{B}A+CB\overline{A}+CBA$

（3）表达式转换（摩根定律）

最小项表达式转换（摩根定律）为：

$$Y = \overline{\overline{\overline{C}BA + C\overline{B}A + CB\overline{A} + CBA}}$$

$$= \overline{\overline{\overline{C}BA} \cdot \overline{C\overline{B}A} \cdot \overline{CB\overline{A}} \cdot \overline{CBA}}$$

$$= \overline{\overline{Y_3} \cdot \overline{Y_5} \cdot \overline{Y_6} \cdot \overline{Y_7}}$$

（4）逻辑图

74LS138 实现三人表决器的逻辑电路如图 5 - 36 所示。

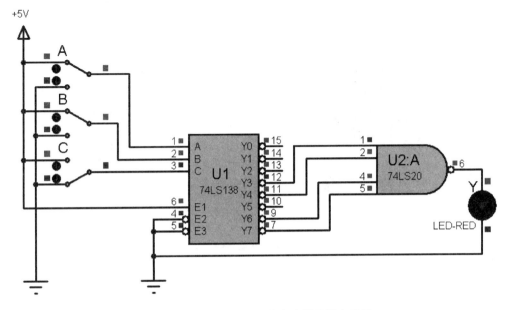

图 5 - 36　74LS138 实现三人表决器逻辑电路图

表决器电路既可以用仿真也可用实物操作来代替，不过需注意以下几点。

① 按照接线图现场接线，注意芯片的安装位置，缺口在左侧，注意电源和地线引脚不要漏接；

② 注意输入端和输出端的位置；

③ 接线完毕后，逐一按照接线图检查一下，确认无误后通电检查效果。

5.4.3　数码显示译码器电路功能测试

一、LED 数码管

LED 数码管是由若干个发光二极管组成的显示字段的显示器件，一般简称数码管。当数码管中的某个发光二极管导通时，相应的一个字段便发光，不导通的则不发光。LED 数码管可以根据不同组合的二极管导通，来显示各种数据和字符，七段数码管应用较为频繁，如应用于红绿灯路口的时间显示、数码电子钟，如图 5 - 37 所示。

1. 外形结构

通常使用七段 LED 数码管，由 7 个发光二极管组成。这 7 个发光二极管 $a \sim g$ 呈"日"字

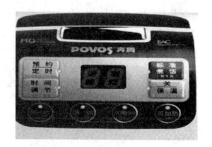

图 5-37　数码显示译码器应用

形排列,其结构及连接如图 5-38 所示。当某个发光二极管导通时,相应地点亮某一点或某一段笔画,通过发光二极管不同的亮暗组合形成不同的数字、字母及其他符号。

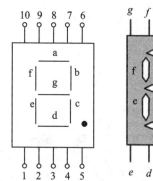
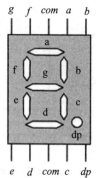

图 5-38　数码管外形结构及引脚排列

2. 结构分类

（1）共阴结构

所有发光二极管的阴极连接在一起,这种连接方法称为共阴极接法。共阴极 LED 灯的 $a \sim g$ 为高电平时,对应的段码被点亮,如图 5-39 所示。

（2）共阳结构

所有发光二极管的阳极连接在一起,这种连接方法称为共阳极接法。当共阳极的 LED 为低电平时,对应的段码被点亮,如图 5-40 所示。

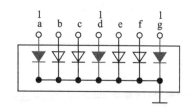
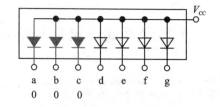

图 5-39　共阴七段发光二极管　　　　**图 5-40　共阳七段发光二极管**

3. 数字显示段码分析

LED 数码管的发光二极管亮暗组合实质上就是不同电平的组合,也就是为 LED 数码管提供不同的代码,这些代码称为字形代码。七段发光二极管加上 1 个小数点 dp 共计 8 段,字形代码与这 8 段的关系如表 5 - 26 所列。

表 5 - 26　字形代码与十六进制数的对应关系

字　符	dp	g	f	e	d	c	b	a	段码共阴	段码共阳
0	0	0	1	1	1	1	1	1	3FH	C0H
1	0	0	0	0	0	1	1	0	06H	F9H
2	0	1	0	1	1	0	1	1	5BH	A4H
3	0	1	0	0	1	1	1	1	4FH	B0H
4	0	1	1	0	0	1	1	0	66H	99H
5	0	1	1	0	1	1	0	1	6DH	92H
6	0	1	1	1	1	1	0	1	7DH	82H
7	0	0	0	0	0	1	1	1	07H	F8H
8	0	1	1	1	1	1	1	1	7FH	80H
9	0	1	1	0	1	1	1	1	6FH	90H

【例 5 - 7】　如何用共阴极和共阳极数码管显示字符"1"?

解:

共阴极:位码 b 和 c 应该接高电平,其余位码接低电平。按照 $abcdefgdp$ 的顺序,段码为 01100000,转换为十六进制为 60H;按照 $dpgfedcba$ 的顺序,段码为 00000110,转换为十六进制为 06H。

共阳极:位码 b 和 c 应该接低电平,其余位码接高电平。按照 $abcdefgdp$ 的顺序,段码为 10011111,转换为十六进制为 9FH;按照 $dpgfedcba$ 的顺序,段码为 11111001,转换为十六进制为 F9H。

二、七段显示译码器

1. 七段显示译码器的结构

由于计算机输出的是 BCD 码,要想在数码管上显示十进制数,就必须先把 BCD 码转换成七段字型数码管所要求的代码,为此人们把能够将计算机输出的 BCD 码换成七段字型代码,并使数码管显示出十进制数的电路称为"七段显示译码器"。CC4511 是一个用于驱动共阴极数码管显示器的 BCD 码—七段译码器,Proteus 软件仿真中直接输入"4511"即可,具体引脚分布如图 5 - 41 所示。

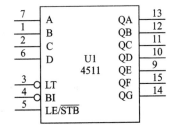

图 5 - 41　CC4511 七段显示译码器引脚图

2. 七段显示译码器的工作原理

D、C、B、A ——8421BCD 码输入端,A 为最低位。

QA、QB、QC、QD、QE、QF、QG——译码输出端,输出"1"有效,用来驱动共阴极 LED 数码管。

$\overline{LT}$——测试输入端,$\overline{LT}$＝"1"时,数码管正常显示,$\overline{LT}$＝"0"时,显示器一直显示数码"8",这时数码管各段全部点亮,以检查数码管是否有故障。

$\overline{BI}$——消隐输入端,$\overline{BI}$＝"1"时,数码管正常显示,$\overline{BI}$＝"0"时,这时数码管各段都不亮,处于消隐状态。

LE——锁定端,LE＝"1"时译码器处于锁定(保持)状态,译码输出保持在 LE＝0 时的数值,LE＝0 为正常译码。

CC4511 译码器还有拒伪码功能,当输入码超过 1001 时,输出全为"0",数码管熄灭。

CC4511 译码器逻辑功能见表 5－27。

表 5－27　CC4511 译码器逻辑功能表

LE	$\overline{BI}$	$\overline{LT}$	D	C	B	A	QA	QB	QC	QD	QE	QF	QG	显示字形
×	×	0	×	×	×	×	1	1	1	1	1	1	1	8
×	0	1	×	×	×	×	0	0	0	0	0	0	0	消隐
0	1	1	0	0	0	0	1	1	1	1	1	1	0	0
0	1	1	0	0	0	1	0	1	1	0	0	0	0	1
0	1	1	0	0	1	0	1	1	0	1	1	0	1	2
0	1	1	0	0	1	1	1	1	1	1	0	0	1	3
0	1	1	0	1	0	0	0	1	1	0	0	1	1	4
0	1	1	0	1	0	1	1	0	1	1	0	1	1	5
0	1	1	0	1	1	0	0	0	1	1	1	1	1	6
0	1	1	0	1	1	1	1	1	1	0	0	0	0	7
0	1	1	1	0	0	0	1	1	1	1	1	1	1	8
0	1	1	1	0	0	1	1	1	1	0	0	1	1	9
0	1	1	1	0	1	0	0	0	0	0	0	0	0	消隐
1	1	1	×	×	×	×	锁存							锁存

任务实施

1. 用 74LS138 设计一个一位全加器

设"被加数","加数"和低位来的"进位"分别为 A_i,B_i,C_{i-1} 输入。本位"和"与向高位的"进位"分别为 S_i,C_i 输出。

(1) 填写真值表

按照表 5－28 完成真值表。

表 5 - 28　74LS138 设计一个一位全加器

输　入			输　出	
A_i	B_i	C_{i-1}	S_i	C_i

（2）写出最小项表达式并转化成与非—与非形式

$S_i =$

$C_i =$

（3）列出仿真元器件清单

将全加器仿真元器件列入表 5 - 29 中。

表 5 - 29　全加器元器件清单

序　号	名　称	元器件型号	数　量	备　注

（4）按照表 5 - 29 元器件清单画出逻辑图

（5）功能测试

打开 Proteus 仿真软件，单击左端"PLAY"运行，按照真值表的顺序逐一检测各个输入端对输出端的影响。观察输出端与输入端之间的关系是否与真值表一致。

2. 数码管共阴共阳判断

① 将万用表打到二极管挡，红表笔或黑表笔固定在数码管的公共端 3 号引脚或 8 号引脚，万用表的另一表笔接其他引脚。

② 步骤①中如果数码管中任意一段亮起，则跳到步骤③；如果都没有亮，则固定表笔和另一表笔对调一下。

③ 如果数码管仅有一段亮，同时红表笔接公共端 3 号引脚或 8 号引脚，则判定数码管是共阳的。反之，黑表笔接公共端 3 号引脚或 8 号引脚，则判定数码管是共阴的。

④ 根据以上步骤完成表 5 - 30。

表 5 - 30　测试七段发光二极管

型　号	红表笔接 3 或 8 号引脚，黑表笔接同侧任一引脚	黑表笔接 3 或 8 号引脚，红表笔接同侧任一引脚	$a、b、c、d、e、f、g$ 是否全部点亮	共阴还是共阳
SM4105				
SM4205				

3. 共阴极数码管引脚号判断

共阴极数码管引脚如图 5 - 42 所示。

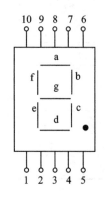 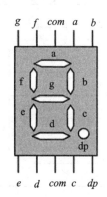

图 5 - 42　共阴极数码管引脚图

① 将万用表打到二极管挡。黑表笔接公共端 3 号引脚或 8 号引脚，红表笔先接 1 号脚，此时 e 被点亮，填入表 5 - 31 中。

② 按照顺序依次接 2 号引脚，此时 d 被点亮，其他引脚的判断同理，请完成表 5 - 31 的测试。

表 5 - 31　数码管各段引脚测试

段　码	a	b	c	d	e	f	g	dp	公共端
引脚号									

4. 数码显示译码器仿真测试

数码显示译码器仿真如图5-43所示。

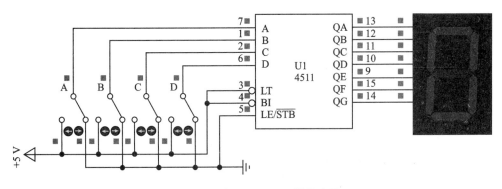

图5-43 数码显示译码器仿真图

① 打开Proteus软件,输入单刀双掷开关SW-SPDT、译码驱动器4511、数码管7SEG-DIGITAL等元器件。

② 先单击"运行"按钮,再单击输入端按钮,使DCBA从0000~1001变化,观察数码管的显示数值后填入表5-32中。

③ 如果QA~QG接二极管,将二极管的工作状态填入表5-32中,灯亮用"1"表示,灯灭用"0"表示。

表5-32 数码显示译码器功能表

输　入							输　出							
$\overline{LT}$	$\overline{BI}$	LE	D	C	B	A	数码管显示数值	a	b	c	d	e	f	g
1	1	0	0	0	0	1								
1	1	0	0	0	1	0								
1	1	0	0	0	1	1								
1	1	0	0	1	0	0								
1	1	0	0	1	0	1								
1	1	0	0	1	1	0								
1	1	0	0	1	1	1								
1	1	0	1	0	0	0								
1	1	0	1	0	0	1								

学习任务5.5　八路抢答器电路的设计与调试

任务引入

抢答器电路在生活中应用较为普遍,本项目将围绕八路抢答器进行设计,通过前面几个集成芯片的介绍展开其应用,逐步从简单的单元电路设计成完整的八路抢答器电路,每一单元电路环环相扣。

学习目标

① 掌握八路抢答器电路的组成及工作原理;

② 能设计八路抢答器单元电路;

③ 能用 Proteus 仿真软件测试八路抢答器。

任务必备知识

5.5.1 抢答器设计指标及要求

一、设计指标

① 给定 5 V 直流电源,设计可以容纳 8 组参赛者的抢答器,每组提供一个抢答按钮,分别为 $S_1 \sim S_8$;

② 设置系统清零和抢答器控制开关 K(K 由主持人控制),当 K 被按下后,抢答开始,打开后,抢答电路清零。

③ 抢答器具有第一个抢答信号的鉴别,锁存及显示功能。即 $S_1 \sim S_8$ 任意一个按下时,锁存相应编码,并在 LED 上显示。此时再按其他任何按钮均无效,优先抢答选手的编号一直保持,直到主持人清零。

④ 要求电路成本最低,线路最简单,性能最安全。

二、设计要求

① 画出电路原理图(Proteus 仿真);

② 元器件及参数选择;

③ 电路仿真与调试。

八路抢答器的总体框架如图 5－44 所示。八路抢答器由以下几部分组成:开关阵列电路、触发锁存电路、解锁电路、编码器、七段显示译码器、数码显示器。

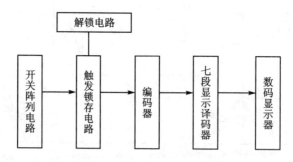

图 5－44 八路抢答器电路的组成框图

参赛者八个抢答信号通过开关阵列电路输入,经过触发锁存电路锁定优先按下按钮的那个参赛者数字,如要进行下一轮抢答,须通过解锁电路使数码管复位。编码器配合七段显示译码器、数码显示器一起使用,由于编码器是反码输入,编码器输入端所对应的数字与触发锁存电路输出端数字刚好相反,为了减少非门电路的数量,可以在编码器输出端通过三个非门来实现。

5.5.2　抢答器单元电路设计

（1）开关阵列电路

开关阵列电路由多路开关或按钮组成,每一位竞赛者与一组开关或按钮相对应。如图 5-45 所示。

当按下按钮时,按钮接通低电平信号;当松开按钮时,按钮自动接通高电平信号。对于八路抢答器来说,按下按钮则为低电平信号,松开按钮,则为高电平信号。仿真时为了操作方便,只需按一次按钮即可自动弹回,容易操作。当然,也可以拿开关来代替按钮,其工作原理同按钮。

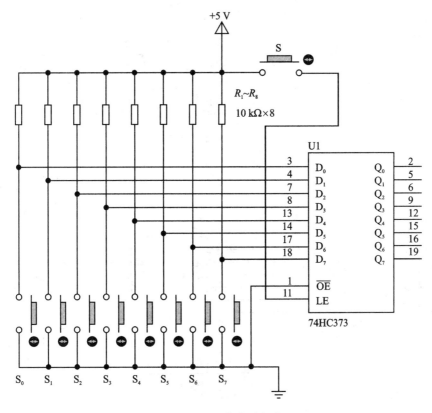

图 5-45　开关阵列电路

（2）触发锁存电路

当某一开关首先按下时,触发锁存电路被触发,在输出端产生相应的开关电平信息,同时为防止其他开关触发产生紊乱,最先产生的输出电平变化又反过来将触发电路锁定。

若有多个开关同时按下时,则在它们之间存在着随机竞争的问题,结果可能是它们中的任何一个产生有效输出。

触发锁存电路(见图 5-46)中主持人解锁电路需要自行完成。

（3）编码器

编码器的作用是将某一开关信息转化为相应的 8421BCD 码,以提供数字显示电路所需要的编码输入。编码器电路如图 5-47 所示。

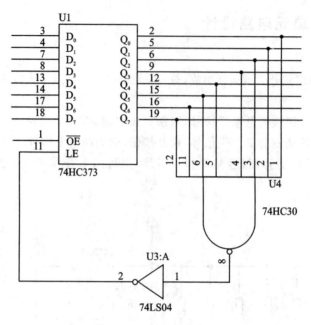

图 5 - 46　触发锁存电路

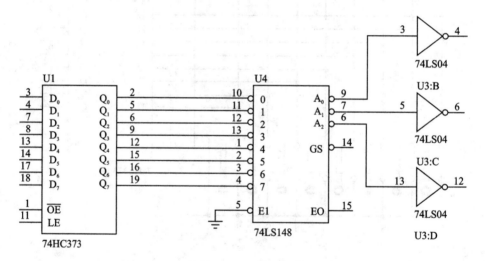

图 5 - 47　编码器电路

由于 74LS148 输出的是反码，假设 $\overline{I_7}$ 有效，是一个低电平，无论其他输入端的信号是什么电平，$\overline{A_2}\,\overline{A_1}\,\overline{A_0}=000$，数字 7 本应对应的编码是 111，因此在 74LS148 后面添加了三个 74LS04 非门后，可以把原本 $\overline{A_2}\,\overline{A_1}\,\overline{A_0}=000$ 切换为 $\overline{A_2}\,\overline{A_1}\,\overline{A_0}=111$。同理，如果 $\overline{I_6}$ 有效，$\overline{I_7}$ 无效且为高电平，无论其他输入端的信号是什么电平，$\overline{A_2}\,\overline{A_1}\,\overline{A_0}=110$。

（4）七段显示译码器

译码驱动电路将编码器输出的 8421BCD 码转换为数码管需要的逻辑状态，并为数码管正常工作提供足够的工作电流。对于多余输入端 D，可以接高电平信号。七段显示译码器如图 5 - 48 所示。

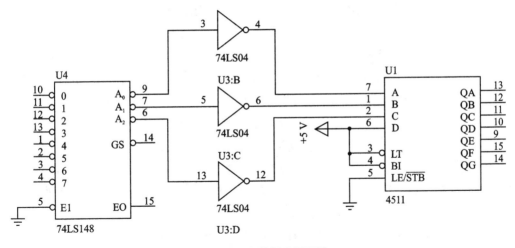

图 5-48　七段显示译码器

（5）数码显示器

数码管通常有发光二极管数码管和液晶数码管,本设计提供发光二极管数码管,具体如图 5-49 所示。

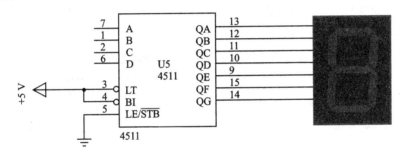

图 5-49　数码显示器

5.5.3　抢答器电路连接与调试

1. 连接电路

在确保单元电路功能正确的基础上,按照上述单元电路从图 5-45 到图 5-49 设计的顺序逐一连接；

2. 功能调试

① 按下八路抢答按钮中的任何一个按钮,观察一下数码管显示的数值是否与八路抢答按钮中的输入数值对应；

② 如果数值不对应,逐一检查各个芯片的连线：

a. 74HC373 输入端和输出端是否一一对应,特别是 $LE = 0$ 和 $LE = 1$ 是否实现了数据输入和数据锁存功能；

b. 74HC30 输入端是否与 74HC373 输出端一一对应,接入 74HC373 的 LE 端是否具备了 $LE = 0$ 和 $LE = 1$ 的功能；

c. 74LS148 的输入端是否与 74HC373 输出端一一对应,使能控制端 $\overline{E}$ 是否接到低电平;

d. 4511 的输入端是四个,74LS148 的输出端是三个,无法一一对应,故需舍去多余输入端。对于多余输入端 4511 的取舍,要考虑哪一位是高位,从功能表 5－27 知,DCBA 表示 4511 的输入,D 表示数字 8,C 表示数字 4,B 表示数字 2,A 表示数字 1,如果需要显示的数字式 0～7,D 端可以省略不接,如果需要显示的数字式 1～8,A 端可以省略不接;

e. 数码管 7SEG－DIGITAL 的八个输入端是否与 4511 的输出端一一对应。

③ 如果数值对应,表示抢答器抢答成功,此时再按下主持人复位按钮,数码管显示 0,则表示调试成功;如果数码管显示仍然是之前抢答器的数值,需要检查 74HC373 的锁存端 LE 是否连接正确。抢答器工作原理:当输入端按下任意一个按钮时,表示输入端中至少有一个低电平信号,它对应的输出端也应为低电平;对于 74HC30 来说,与非门中有一个输入端为 0,则输出端必然为高电平 1,通过接入反相器 74LS04,高电平 1 变为低电平 0,作为 LE 的输入,此时 $LE=0$,触发器处于锁存状态,当主持人按下按钮时,LE 被强行置 1,触发器处于解锁状态,输出将随输入而改变。主持人按钮的位置设计不唯一,可根据原理进行多方案设计。

任务实施

完成八路抢答器 0～7 的仿真电路图设计。

① 根据单元电路设计,列出表 5－34 八路抢答器 0～7 元器件清单。

表 5－34　八路抢答器 0～7 元器件清单

序　号	名　称	元器件型号	数　量	备　注

② 打开 Proteus 软件,按照表 5－34 输入元器件;

③ 原理图设计。八路抢答器 0～7 电路如图 5－50 所示。

④ 仿真功能测试。按照表 5－35 所列的要求逐一测试八路抢答器的电路功能并对相关测试做好记录。

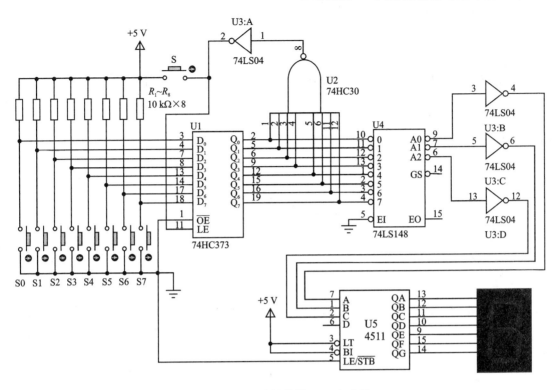

图 5-50　八路抢答器 0～7 电路图

表 5-35　八路抢答器功能表

D_0	D_1	D_2	D_3	D_4	D_5	D_6	D_7	数码管显示	主持人按钮	数码管显示
0	1	1	1	1	1	1	1		按下	
1	0	1	1	1	1	1	1		按下	
1	1	0	1	1	1	1	1		按下	
1	1	1	0	1	1	1	1		按下	
1	1	1	1	0	1	1	1		按下	
1	1	1	1	1	0	1	1		按下	
1	1	1	1	1	1	0	1		按下	
1	1	1	1	1	1	1	0		按下	

⑤ 如果抢答器电路要显示数字 1～8,电路应做如何改进?

⑥ 电路中主持人按钮的位置是否是唯一的,如果不唯一,如何修改?

⑦ 4511 驱动的是共阴极数码管,如果要驱动共阳极数码管,如何修改?

学习情境 6　数字钟电路的设计与仿真

数字钟是一种用数字电路技术实现时、分、秒计时的钟。与机械钟相比具有更高的准确性和直观性,以及更长的使用寿命,已得到广泛的使用。

在本项目中,根据控制要求学会用 74LS90 计数器进行设计、用与非门进行校时校分电路和整点报时电路的设计。通过设计学会芯片的使用,掌握数字钟的基本功能和其他扩展功能。

项目导读

本项目是数字钟电路,该电路由主体电路和扩展电路两部分组成。主体电路由 555 构成的多谐振荡器产生 1 kHz 信号,经二分频产生 500 Hz 信号,经千分频产生 1 Hz 秒脉冲。要求具有"秒""分""时"计时功能,小时按 24 进制计数,分和秒按 60 进制计数。同时具有校时功能,能对"分"和"小时"进行调整。扩展电路中能仿广播电台正点报时:在 59 分 51 秒、53 秒、55 秒、57 秒发出低音 500 Hz 信号,在 59 分 59 秒时发出一次高音 1 kHz 信号,音响持续 1 s,在 1 kHz 音响结束时刻为整点。定时控制,其时间自定。

本项目将完成以下四个学习任务。

① 计数器电路的设计;

② 校时电路的设计;

③ 报时电路的设计;

④ 数字钟电路的设计与调试。

学习任务 6.1　计数器电路的设计

任务引入

为了保证数字钟秒、分、时计数器的准确性,本项目引入了 74LS90 计数器。本项目中,分和秒计数器都是 60 进制计数器,其计数规律为 00—01—……—58—59—00……。时计数器是一个 24 进制计数器,即当数字钟运行到 23 时 59 分 59 秒时,秒的个位计数器再输入一个秒脉冲时,数字钟应自动显示为 00 时 00 分 00 秒。

学习目标

① 学会测试 74LS90 计数器的逻辑功能;

② 学会用复位法实现不同进制计数器;

③ 掌握二十四进制、六十进制计数器的级联方法。

任务必备知识

6.1.1 555 多谐振荡器电路的设计

一、555 定时器的封装及极限参数

555 定时器是一种模拟电路和数字电路相结合的中规模集成器件,常用于多谐振荡器、单稳态触发器、压控振荡器等多种电路,本项目只介绍多谐振荡器的应用,具体实物及封装如图 6-1 所示。

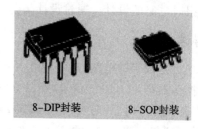

图 6-1　555 定时器实物及封装图

555 定时器可以承受 3～18 V 的直流电压,最大功耗 600 mW,工作温度、储藏温度、最高结温如表 6-1 所列。

表 6-1　555 定时器极限参数

电源电压/V	允许功耗/mW	工作温度/℃	储藏温度/℃	最高结温/℃
3～18	600	−10～+70	−65～+150	300

二、555 定时器内部及引脚说明

1. 组　成

555 定时器主要由比较器、触发器、反相器和由三个 5 kΩ 的电阻组成的分压器等部分构成,电路如图 6-2 所示。

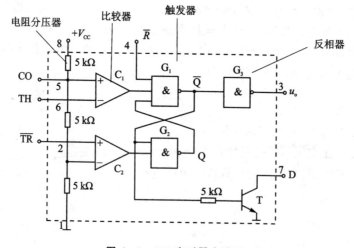

图 6-2　555 定时器电路图

2. 555 定时器逻辑符号及引脚说明

由于 555 定时器内部电路结构较为复杂,在电路中为了简化,一般用逻辑符号来代替,具体如图 6-3 所示。

555 定时器一共有 8 个引脚,每个引脚对应不同的功能,安装时缺口一般在左侧,型号及数字正面朝上,引脚顺序从左下角 1 号引脚开始逆时针一直读到 8 号引脚位置,即使缺口位置有变化,读取方法仍旧按照逆时针走向。它承受的直流电压为 3~18 V,插入集成芯片时,一定要注意缺口的方向,以免烧坏芯片,具体引脚布局如图 6-4 所示,表 6-2 所列为各个引脚的功能。

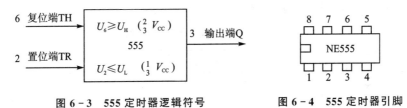

图 6-3　555 定时器逻辑符号　　　图 6-4　555 定时器引脚

表 6-2　555 定时器引脚功能表

引　脚	字母代号	功能说明	引　脚	字母代号	功能说明
1	V_{SS}	公共地线段	5	VC	控制信号输入端
2	$\overline{TR}$	置位端	6	TH	复位端
3	V_O	输出端	7	DTS	放电控制端
4	$\overline{MR}$	主复位信号输入端	8	V_{CC}	工作电源电压输入端

三、与非门组成的基本 RS 触发器

1. 电路组成和逻辑符号

与非门构成的基本 RS 触发器的电路组成和逻辑符号如图 6-5 所示,电路有两个输入端 $\overline{R}$ 和 $\overline{S}$,又称触发信号端;有两个互反的输出端 Q 和 $\overline{Q}$。把 $Q=1,\overline{Q}=0$ 的状态称为触发器的"1"状态,把 $Q=0,\overline{Q}=1$ 的状态称为触发器的"0"状态。

显然,不应该出现 $Q=\overline{Q}=0$,或 $Q=\overline{Q}=1$ 的状态。把这两种状态称为不定态,用"0^*"或"1^*"表示。

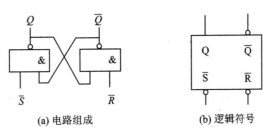

(a) 电路组成　　　　　(b) 逻辑符号

图 6-5　与非门构成的基本 RS 触发器

2. 工作原理

① 当 $\overline{S}=0,\overline{R}=0$ 时,无论另外两个输入端的信号是"0"还是"1",两片与非门的输出 $Q=$

$\overline{Q}=1$,为不定状态；

② 当 $\overline{S}=0,\overline{R}=1$ 时,第 1 片的与非门输出由于两输入端有一个为 0,则 $Q=1$,由于 $Q=1$,反馈到第 2 片与非门的输入也为 1,即第 2 片两输入端都为 1,则 $\overline{Q}=0$；

③ 当 $\overline{S}=1,\overline{R}=0$ 时,第 2 片的与非门输出由于两输入端有一个为 0,则 $\overline{Q}=1$,由于 $\overline{Q}=1$,反馈到第 1 片的输入也为 1,即第 1 片两输入端都为 1,则 $Q=0$；

④ 当 $\overline{S}=1,\overline{R}=1$ 时,假设 $Q=1,\overline{Q}=0$,第 1 片的与非门输入分别为 1 和 0,则输出 $Q=1$,则 $\overline{Q}=0$；假设 $Q=0,\overline{Q}=1$,第 1 片的与非门输入分别为 0 和 1,则输出 $Q=0$,则 $\overline{Q}=1$,此功能为保持记忆。

表 6-3 所列为基本 RS 触发器真值。

表 6-3　基本 RS 触发器真值表

$\overline{R}$	$\overline{S}$	Q	$\overline{Q}$
0	0	不定	不定
0	1	0	1
1	0	1	0
1	1	不变	不变

$\overline{R}$:置 0 或复位端(低电平有效,逻辑符号上用圆圈表示)。

$\overline{S}$:置 1 或置位端(低电平有效,逻辑符号上用圆圈表示)。

Q:触发器原端或 1 端。

$\overline{Q}$:触发器非端或 0 端。

通常将 Q 端状态作为触发器的输出状态。

四、555 定时器工作原理

① 555 定时器的功能主要由两个比较器决定,两个比较器的输出电压控制 RS 触发器和放电管的状态。

② 在电源与地之间加上电压,当引脚 5 脚悬空时,则电压比较器 C_1 的同相输入端的电压为 $2V_{CC}/3$,C_2 的反相输入端的电压为 $V_{CC}/3$。

③ 若触发输入端 $\overline{TR}$ 的电压小于 $V_{CC}/3$,则比较器 C_2 的输出为 0,可使 RS 触发器置 1,使输出端 OUT=1。

④ 如果阈值输入端 TH 的电压大于 $2V_{CC}/3$,同时 $\overline{TR}$ 端的电压大于 $V_{CC}/3$,则 C_1 的输出为 0,C_2 的输出为 1,可将 RS 触发器置 0,使输出为 0 电平。

表 6-4 所列为 555 定时器功能。

表 6-4　555 定时器功能表

TH	$\overline{TR}$	$\overline{R}$	OUT	DIS
$\times$	$\times$	0	0	导通
$>2V_{CC}/3$	$>V_{CC}/3$	1	0	导通
$<2V_{CC}/3$	$>V_{CC}/3$	1	不变	不变
$<2V_{CC}/3$	$<V_{CC}/3$	1	1	截止

五、555 定时器构成多谐振荡器

由 555 定时器和外接组件 R_1、R_2、C 组成，引脚 2 与引脚 6 直接相连，如图 6-6 所示。电路没有稳态，仅存在两个暂稳态，电路亦不需要外接触发信号。接通电源后，电源 V_{CC} 通过 R_1、R_2 向 C 充电，当 $u_c < V_{CC}/3$，振荡器输出 $u_o = 1$，放电管截止。当 u_c 充电到 $2V_{CC}/3$ 后，振荡器输出 u_o 翻转成 0，此时放电管导通，使放电端（DIS）接地，电容 C 通过 R_2 对地放电，使 u_c 下降。当 u_c 下降到 $V_{CC}/3$ 后，振荡器输出 u_o 翻转成 1，此时放电管又截止，使放电端（DIS）不接地，电源 V_{CC} 通过 R_1 和 R_2 又对电容 C 充电，又使 u_c 从 $V_{CC}/3$ 上升到 $2V_{CC}/3$，触发器又发生翻转，如此周而复始，从而在输出端 u_o 得到连续变化的振荡脉冲波形（见图 6-7）。

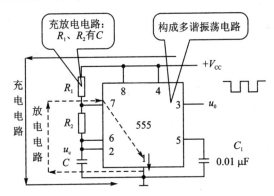

图 6-6　555 多谐振荡器

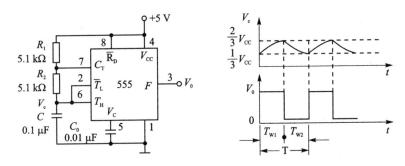

图 6-7　555 多谐振荡器波形图

电路振荡周期：

$$T = T_{w1} + T_{w2} \tag{6-1}$$

电容充电时间：

$$T_{w1} = 0.7(R_1 + R_2)C \tag{6-2}$$

电容放电时间：

$$T_{w2} = 0.7R_2C \tag{6-3}$$

电路振荡频率：

$$f = \frac{1}{T} = \frac{1.43}{(R_1 + 2R_2)C} \tag{6-4}$$

占空比：

$$\frac{T_{w1}}{T} \times 100\% = \frac{T_{w1}}{T_{w1} + T_{w2}} \times 100\% \tag{6-5}$$

由图和公式计算,有

$$f = \frac{1}{T} = \frac{1.43}{(R_1 + 2R_2)C} = \frac{1.43}{(5.1 + 2 \times 5.1) \times 10^3 \times 0.1 \times 10^{-6}} = \frac{1.43 \times 10^4}{15.3} = 934.6 \text{ Hz}$$

6.1.2　74LS90 分频器电路的设计

本项目分频器由 74LS90 构成,74LS90 为中规模 TTL 集成计数器,可实现二分频、五分频和十分频等功能,它由一个二进制计数器和一个五进制计数器构成,其引脚如图 6-8 所示。

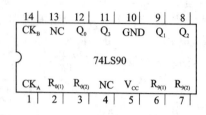

图 6-8　74LS90 引脚

一、74LS90 逻辑功能

通过不同的连接方式,74LS90 可以实现四种不同的逻辑功能,而且还可借助 $R_0(1)$、$R_0(2)$ 对计数器清零,借助 $R_9(1)$、$R_9(2)$ 将计数器置9。其具体功能详述如下。

① 计数脉冲从 CK_A 输入,Q_0 作为输出端,为二进制计数。

② 计数脉冲从 CK_B 输入,$Q_3Q_2Q_1$ 作为输出端,为异步五进制加法计数器。

③ 若将 CK_B 和 Q_0 相连,计数脉冲由 CK_A 输入,Q_3、Q_2、Q_1、Q_0 作为输出端,则构成异步 8421 码十进制加法计数器。

④ 若将 CK_A 与 Q_3 相连,计数脉冲由 CK_B 输入,Q_0、Q_3、Q_2、Q_1 作为输出端,则构成异步 5421 码十进制加法计数器。

⑤ 清零、置9功能。

a. 异步清零:当 $R_0(1)$、$R_0(2)$ 均为"1",$R_9(1)$、$R_9(2)$ 中有"0"时,实现异步清零功能,即 $Q_3Q_2Q_1Q_0 = 0000$。

b. 置9功能:当 $R_9(1)$、$R_9(2)$ 均为"1",$R_0(1)$、$R_0(2)$ 中有"0"时,实现置9功能,即 $Q_3Q_2Q_1Q_0 = 1001$。

以上逻辑功能如表 6-5 所列。

表 6-5　74LS90 功能表

$R_0(1)$	$R_0(2)$	$R_9(1)$	$R_9(2)$	CK_A	CK_B	Q_3	Q_2	Q_1	Q_0	功　能
1	1	0	×	×	×	0	0	0	0	清0
1	1	×	0	×	×	0	0	0	0	清0
0	×	1	1	×	×	1	0	0	1	置9
×	0	1	1	×	×	1	0	0	1	置9
				↓	1	\multicolumn{4}{c}{Q_0 输出}	二进制计数
				1	↓	\multicolumn{4}{c}{$Q_3Q_2Q_1$ 输出}	五进制计数
				↓	Q_0	\multicolumn{4}{c}{$Q_3Q_2Q_1Q_0$ 输出 8421BCD 码}	十进制计数
0	×	0	×							
×	0	×	0	Q_3	↓	\multicolumn{4}{c}{$Q_0Q_3Q_2Q_1$ 输出 5421BCD 码}	十进制计数
				1	1	\multicolumn{4}{c}{不变}	保持

二、用 74LS90 实现二分频器

① 仿真中输入元器件型号 74LS90、4511、7SEG – DIGITAL；

② 根据功能表 6 – 5 知，$R_9(1)$、$R_9(2)$、$R_0(1)$、$R_0(2)$ 接低电平 "GROUND"，CK_B 接高电平 "POWER"，CK_A 接下降沿 "DC CLOCK"，译码器及数码管的接线前面已经提及，不再介绍，输出 $Q_3Q_2Q_1Q_0$ 对应的数码管显示 0~1，对应的状态为 0000、0001，其接线如图 6 – 9 所示；

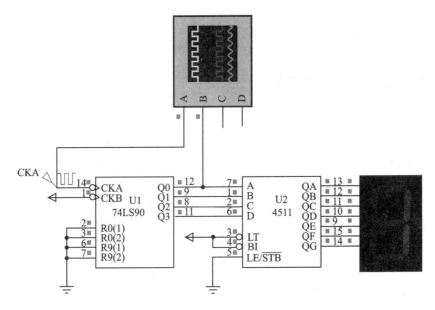

图 6 – 9　74LS90 实现二分频器接线图

③ 接入示波器 "OSCILLOSCOPE"，通道 A 监控脉冲输入端 CK_A 的波形，通道 B 监控输出端 Q_0 的波形（见图 6 – 10）。

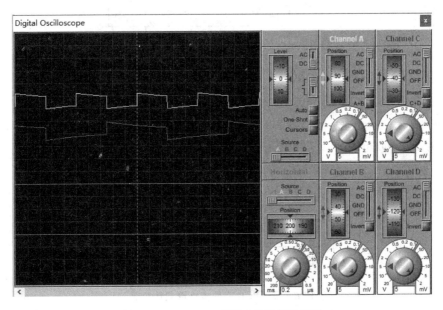

图 6 – 10　74LS90 实现二分频器波形图

由示波器测试波形知：图 6-10 中 Channel A 测试的是 CK_A 的波形，Channel B 测试的是 Q_0 的波形。CK_A 的频率 Channel A 为 1/(5 格×0.2 秒/格)＝1 Hz，Q_0 的频率 Channel B 为 1/(10 格×0.2 秒/格)＝0.5 Hz，所以 $CK_A/Q_0＝2$，即为二分频，对应的状态如表 6-6 所列。

表 6-6　二分频状态表

CK_A	Q_3	Q_2	Q_1	Q_0
1	0	0	0	0
0↓	0	0	0	1

6.1.3　秒、分、时计数器电路的设计

一、计数器组成

计数器在现代社会中用途十分广泛，在工业生产、各种和计数有关的电子产品，如定时器、报警器、时钟电路中都有广泛用途。在配合各种显示器件的情况下实现实时监控，扩展更多功能。

本项目所研究的计数器仍然采用 74LS90 芯片，它既可以作为分频器，也可以作为二、五、十进制异步计数器。其内部含两个独立的计数电路：三位五进制计数器和一位二进制计数器（见图 6-11）。

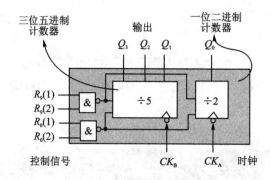

图 6-11　74LS90 计数器组成

二、由 74LS90 构成任意进制计数器

1. 用一片 74LS90 组成 BCD 码异步十进制计数器

用一片 74LS90 组成的 BCD 码异步十进制计数器如图 6-12 所示。

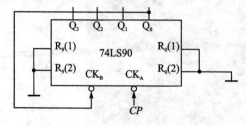

图 6-12　BCD 码异步十进制计数器

当 $R_0(1)=R_9(1)=R_0(2)=R_9(2)=0$ 或 $1,CK_B$ 接 Q_0,CK_A 接下降沿，输出 $Q_3Q_2Q_1Q_0$ 的状态变化如表 6-7 所列。

表 6-7 十进制计数器状态表

CK_A	Q_3	Q_2	Q_1	Q_0
0	0	0	0	0
1	0	0	0	1
2	0	0	1	0
3	0	0	1	1
4	0	1	0	0
5	0	1	0	1
6	0	1	1	0
7	0	1	1	1
8	1	0	0	0
9	1	0	0	1
10	0	0	0	0

由表 6-7 知：每一个 CK_A 的下降沿(1→0)到来，输出 $Q_3Q_2Q_1Q_0$ 的状态变化一次，对应的状态为 0000～1001，直到第十个状态时再次回到 0000，因此为十进制计数器。

2．用一片 74LS90 组成六进制计数器

用一片 74LS90 组成的六进制计数器如图 6-13 所示。

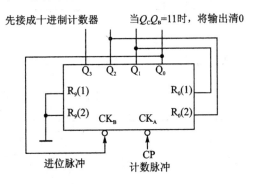

图 6-13 六进制计数器

先接成 8421 码十进制计数器，即 $R_9(1)=R_9(2)=0,CK_B$ 接 Q_0,CK_A 接下降沿，将 Q_1 端接 $R_0(1)$，Q_2 端接 $R_0(2)$。计数顺序为 000～101，当第 6 个脉冲作用后，$Q_2Q_1Q_0=110$，利用 $Q_2Q_1=11$ 反馈到 $R_0(1)$ 和 $R_0(2)$ 的方式使电路置 0，此方法为复位法。六进制计数器状态如表 6-8 所列。

表 6-8　六进制计数器状态表

CK_A	Q_3	Q_2	Q_1
0	0	0	0
1	0	0	1
2	0	1	0
3	0	1	1
4	1	0	0
5	1	0	1
6	1	1	0
	↓	↓	↓
	0	0	0

六进制计数器对应的波形图如图 6-14 所示,当第 1 个 CK_A 下降沿到来时,输出端 $Q_3Q_2Q_1$ 从 000 跳转到 001,当第 2 个 CK_A 下降沿到来时,输出端 $Q_3Q_2Q_1$ 从 001 跳转到 010,每次加 1,直至第 6 个脉冲信号到来时再次回到初始状态 000。

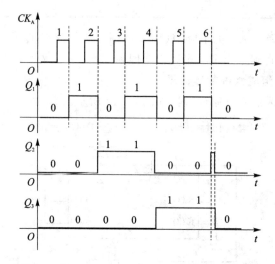

图 6-14　六进制计数器时序图

总结:用一片 74LS90 设计 N 进制计数器的一般方法,第 N 个 CP 脉冲后,由输出端的 "1"去控制清 0 端。

3. 用两片 74LS90 组成 100 进制计数器

方法:用两个十进制计数器级联,如图 6-15 所示。

4. 用两片 74LS90 构成 24 进制计数器

方法:先将两片 74LS90 构成 100 进制计数器,当输出:$\dfrac{0010}{2}$　$\dfrac{0100}{4}$ 时,将输出同时清 0。即:用十位的 Q_B 和个位的 Q_C 送 $R_0(1)$ 和 $R_0(2)$,这样,计数范围变为 00～23,即 24 进制计数器。计数范围为 0～23 的 24 进制计数器如图 6-16 所示。

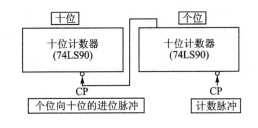

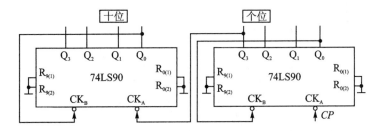

图 6 - 15　100 进制计数器,计数范围 0～99

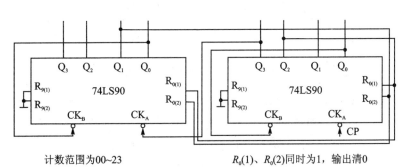

计数范围为00~23　　　　$R_0(1)$、$R_0(2)$同时为1,输出清0

图 6 - 16　24 进制计数器,计数范围 0～23

任务实施

1. 1 kHz 多谐振荡器仿真测试

① 用 Proteus 软件画出如图 6 - 17 所示的仿真电路,列出元器件清单,填入表 6 - 9 中。

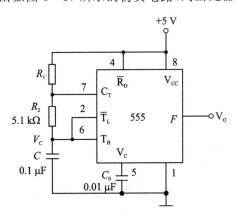

图 6 - 17　1 kHz 多谐振荡器

表 6 - 9　555 定时器实现多谐振荡器元器件清单

序　号	名　称	元器件型号	数　量	备　注

② 根据 $f = \dfrac{1.43}{(R_1 + 2R_2)C} = 1$ kHz 计算 R_1，计算结果：$R_1 = $ _____。

③ 接入示波器"OSCILLOSCOPE"，通道 A、B 分别监控 2 号引脚、3 号引脚的波形，读取秒/格，长度格数，计算周期和频率，分别填入表 6 - 10 中。

表 6 - 10　74LS90 仿真千分频

555 定时器	示波器波形	秒/格	长度格数	周期 T	频率 f
2 号引脚					
3 号引脚					

2. 用 74LS90 仿真五分频器

① 仿真中输入元器件型号 74LS90、4511、7SEG - DIGITAL。

② 根据功能表 6 - 5 知，$R_9(1)$、$R_9(2)$、$R_0(1)$、$R_0(2)$ 可接 _____，CK_B 接 _____，CK_A 接 _____，输出 $Q_3 Q_2 Q_1$ 对应的数码管应显示 _____，对应的状态为 _____。

③ 画出五分频器仿真图。

④ 接入示波器"OSCILLOSCOPE",通道 A 监控脉冲输入端 CK_B 的波形,通道 B、C、D 分别监控输出端 $Q_3Q_2Q_1$ 的波形,将数据填入表 6-11 中。

表 6-11 74LS90 仿真五分频器

555 定时器	示波器波形	秒/格	长度格数	周期 T	频率 f
CK_B					
Q_3					
Q_2					
Q_1					

⑤ 由示波器测试波形知,当 CK_B 第一个下降沿到来时,$Q_3Q_2Q_1=$_____,当 CK_B 第二个下降沿到来时,$Q_3Q_2Q_1=$_____,以此类推,直到第_____个 CK_B 下降沿到来开始下一个循环。

⑥ CK_B 的频率_____Hz,Q_3 的频率为_____Hz,所以 $f_{CKB}/f_{Q_3}=$_____,即为_____分频。

3. 三片 74LS90 仿真实现千分频

① 三片 74LS90 芯片分别放置在界面中,第一级 CK_A 接信号发生器 **SIGNAL GENERATOR**, CK_B 接本级的 Q_0,第一级 Q_3 作为进位信号,送入第二级的 CK_A,CK_B 接本级的 Q_0,第二级 Q_3 作为进位信号,送入第三级的 CK_A,CK_B 接本级的 Q_0,所有芯片的 $R_0(1)$、$R_0(2)$、$R_9(1)$、 $R_9(2)$ 全部接地。

② 打开 Proteus 软件,单击 ▶ ▮▶ ▮▮ ▮ 运行,信号发生器频率调至 1 kHz,单击信号发生器右边的"Wavefrom",选择"方波信号",幅值调至 5 V,如图 6-18 所示。

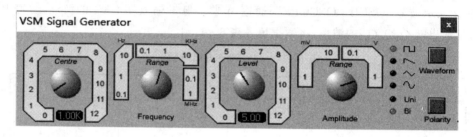

图 6-18 信号发生器给定值

③ 用示波器测量 74LS90 中 Q_3 的波形,单击"运行"按钮,观察并记录这三个波形,将结果填入表 6-12 中。

④ 根据示波器波形,读取秒/格,长度格数,计算周期和频率,将结果填入表 6-12 中。

⑤ 本任务中每一级计数器是前一级计数器的_____,故第一级输出波形为_____ Hz,第二级输出波形为_____ Hz,第三级输出波形为_____ Hz。

⑥ 用信号发生器检测确定示波器产生的频率没有问题的情况下,可以把 555 定时器构成的多谐振荡器电路直接复制过来替代信号发生器,555 定时器的 3 号引脚就产生 1 kHz 的信号;

⑦ 这样逐级检测信号,前后关联,可以避免后续发生问题时不知从何查起。

表 6-12 74LS90 仿真千分频

74LS90	示波器 Q_3 波形	秒/格	长度格数	周期 T	频率 f
第一级					
第二级					
第三级					

学习任务 6.2　校时电路的设计

任务引入

当数字钟接通电源后,若计时出现误差,需要校正时间。校时是数字钟应具备的基本功能之一。一般电子手表都具有时、分、秒等校时功能。为使电路简单,本设计只进行分和时的校时。

学习目标

① 掌握组合逻辑门电路的设计步骤;

② 掌握公式化简法或卡诺图化简法的应用;

③ 掌握校时电路的设计思路。

任务必备知识

6.2.1　逻辑门电路的设计

一、设计步骤

① 由逻辑要求,列出真值表;

② 由真值表写出逻辑表达式;

③ 简化和变换逻辑表达式;

④ 画出逻辑图。

二、公式化简

逻辑代数的公式和定理:

1. 常量之间的关系

与运算:$0 \cdot 0 = 0$　$0 \cdot 1 = 0$　$1 \cdot 0 = 0$　$1 \cdot 1 = 1$

或运算:$0 + 0 = 0$　$0 + 1 = 1$　$1 + 0 = 1$　$1 + 1 = 1$

非运算:$\overline{0} = 1$　$\overline{1} = 0$

2. 基本公式

$0-1$ 律:$\begin{cases} A + 0 = A \\ A \cdot 1 = A \end{cases} \begin{cases} A + 1 = 1 \\ A \cdot 0 = 0 \end{cases}$

互补率:$A + \overline{A} = 1$　$A \cdot \overline{A} = 0$

等幂律:$A + A = A$　$A \cdot A = A$

双重否定率:$\overline{\overline{A}} = A$

分别令 $A = 0$ 及 $A = 1$ 代入这些公式,即可证明它们的正确性。

3. 基本定律

交换律:$\begin{cases} A \cdot B = B \cdot A \\ A + B = B + A \end{cases}$

结合律：$\begin{cases} (A \cdot B) \cdot C = A \cdot (B \cdot C) \\ (A+B)+C = A+(B+C) \end{cases}$

利用真值表很容易证明这些公式的正确性。如证明 $A \cdot B = B \cdot A$。

分配律：$\begin{cases} A \cdot (B+C) = AB + AC \\ A+B \cdot C = (A+B) \cdot (A+C) \end{cases}$

反演律（摩根定律）：$\begin{cases} \overline{A \cdot B} = \overline{A} + \overline{B} \\ \overline{A+B} = \overline{A} \cdot \overline{B} \end{cases}$

证明分配律：$A+B \cdot C = (A+B) \cdot (A+C)$

证明：

$(A+B) \cdot (A+C) = AA + AB + AC + BC$

$= A + AB + AC + BC = A(1+B+C) + BC$

$= A + BC$

4. 常用公式

还原律：$\begin{cases} A \cdot B + A \cdot \overline{B} = A \\ (A+B) \cdot (A+\overline{B}) = A \end{cases}$

吸收律：$\begin{cases} A+A \cdot B = A \\ A \cdot (A+B) = A \end{cases} \quad \begin{cases} A \cdot (\overline{A}+B) = AB \\ A+\overline{A} \cdot B = A+B \end{cases}$

证明：

$A+\overline{A}B = (A+\overline{A}) \cdot (A+B) = 1 \cdot (A+B) = A+B$

冗余律：$AB + \overline{A}C + BC = AB + \overline{A}C$

证明：

$AB + \overline{A}C + BC = AB + \overline{A}C + (A+\overline{A})BC$

$= AB + \overline{A}C + ABC + \overline{A}BC = AB(1+C) + \overline{A}C(1+B)$

$= AB + \overline{A}C$

【例 6-1】 证明等式 $A+BC = (A+B)(A+C)$

解法一：利用真值表法。例 6-1 真值表见表 6-13。

表 6-13　例 6-1 真值表

A	B	C	$A+BC$	$(A+B)(A+C)$
0	0	0	0	0
0	0	1	0	0
0	1	0	0	0
0	1	1	1	1
1	0	0	1	1
1	0	1	1	1
1	1	0	1	1
1	1	1	1	1

解法二:利用公式法。

右式$=(A+B)(A+C)=AA+AC+AB+BC=A+AC+AB+BC$

$=A(1+C+B)+BC=A+BC$

三、卡诺图化简

1. 卡诺图的结构

① 卡诺图一般都画成正方形或矩形,分割出的小方格数有 2^n 个,n 为变量数。因为 n 个变量共有 2^n 个最小项,而每个最小项用一个小方格表示。

② 变量的取值的顺序要按照循环码排列,以确保最小项的逻辑上的相邻关系能在图形上清晰地反映出来。

循环码:相邻的两个代码之间仅有 1 位不同,其余各位均相同。例如:$0000 \rightarrow 0001 \rightarrow 0011 \rightarrow 0010 \rightarrow 0110 \rightarrow 0111 \cdots \cdots$

二变量卡诺图如图 6-19 所示。

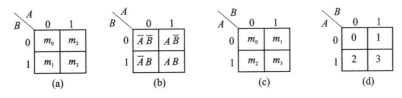

图 6-19 二变量卡诺图

三变量卡诺图如图 6-20 所示。

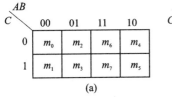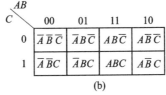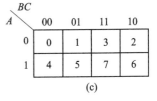

图 6-20 三变量卡诺图

四变量卡诺如图 6-21 所示。

图 6-21 四变量卡诺图

注:m_i 的下标 i 为十进制数,它的构成顺序是高两位为 AB,低两位为 CD。

AB 和 CD 都为循环码 $00 \rightarrow 01 \rightarrow 11 \rightarrow 10$。

关于卡诺图的几何位置相邻:$\overline{A}\ \overline{B}\ C\ \overline{D}$。

卡诺图中任何几何位置相邻的最小项,在逻辑上都具有相邻性。对于 n 变量卡诺图每个最小项都有 n 个相邻最小项。

在四变量卡诺图 6-21(a)中,与 m_5 相邻的最小项有 m_1,m_4,m_7 和 m_{13}。

仔细分析卡诺图 6-22 可知,几何相邻包括以下三种情况。

① 相接:紧接着;

② 相对:任意一行或一列的两头;

③ 相重:将卡诺图对折起来的两边或上下上的位置重合,重合的最小项相邻,这种相邻称为几何相邻。

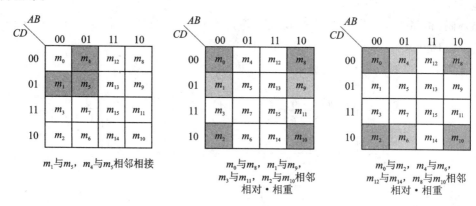

图 6-22 卡诺图三种情况

2. 卡诺图上最小项的合并规律

（1）两个小方格的合并

卡诺图上两个小方格的合并如图 6-23 所示。

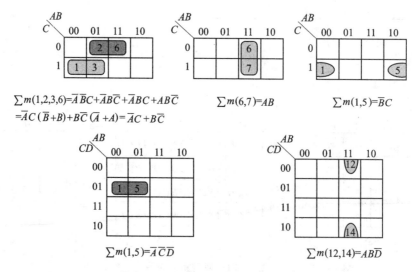

图 6-23 卡诺图两个小方格的合并

（2）四个小方格的合并

卡诺图上四个小方格的合并如图 6-24 所示。

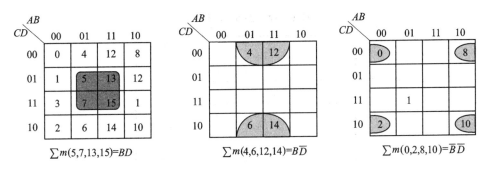

图 6-24   卡诺图四个小方格的合并

（3）八个小方格的合并

卡诺图上八个小方格的合并如图 6-25 所示。

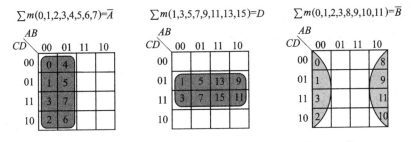

图 6-25   卡诺图八个小方格的合并

3. 将给定函数用卡诺图表示

【例 6-2】 画出 $F(A,B,C)=\sum m(0,3,7)$ 的卡诺图。

解：见图 6-26。

注：在卡诺图上最小项所对应的小方格标以 1，剩余的小方格标以 0，有时可以不标。

【例 6-3】 画出 $F(A,B,C,D)=\sum m(0,3,5,7,10,11,12,14)$ 的卡诺图。

解：见图 6-27。

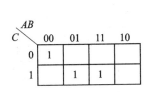

图 6-26   例 6-2 卡诺图

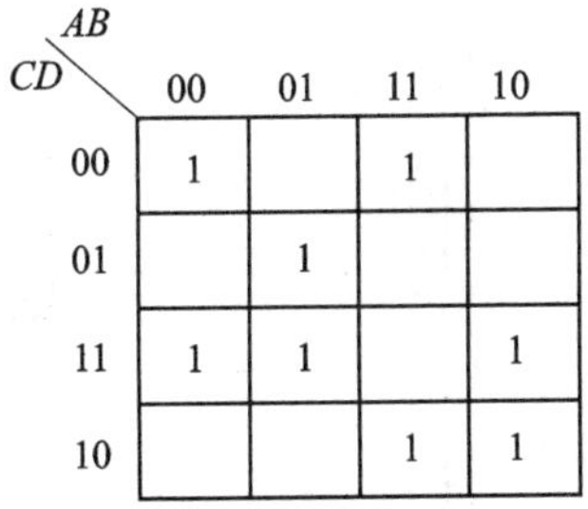

CD\AB	00	01	11	10
00	1		1	
01		1		
11	1			1
10			1	1

图 6-27   例 6-3 卡诺图

【例 6-4】 设计一个三变量奇偶检验器。

要求：当输入变量 A、B、C 中有奇数个同时为"1"时，输出为"1"，否则为"0"，用"与非"门实现。

解：① 列真值表，见表 6-14。

表 6-14 例 6-4 真值表

A	B	C	Y
0	0	0	0
0	0	1	1
0	1	0	1
0	1	1	0
1	0	0	1
1	0	1	0
1	1	0	0
1	1	1	1

② 写出逻辑表达式:$Y=\overline{A}\,\overline{B}C+\overline{A}B\overline{C}+A\overline{B}\,\overline{C}+ABC$。

③ 简化和变换逻辑表达式。由卡图诺 6-28 可知,该函数不可化简。

$$Y=\overline{\overline{\overline{A}\,\overline{B}C+\overline{A}B\overline{C}+A\overline{B}\,\overline{C}+ABC}}$$

$$=\overline{\overline{\overline{A}\,\overline{B}C}\cdot\overline{\overline{A}B\overline{C}}\cdot\overline{A\overline{B}\,\overline{C}}\cdot\overline{ABC}}$$

④ 画出如图 6-29 所示逻辑图。

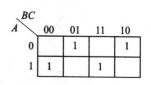

图 6-28 例 6-4 卡诺图化简

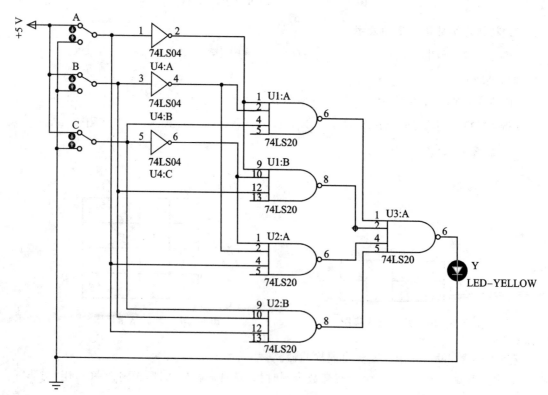

图 6-29 奇偶校验器逻辑图

6.2.2　校分校时电路的设计

1. 对校时电路的要求

① 在小时校正时,不影响分和秒的正常计数。

② 在分校正时,不影响秒和小时的正常计数。

③ 校时方式有"快校时"和"慢校时"两种。

快校时是通过开关控制,当快校时或快校分开关闭合时,时计数器或分计数器都对 1 Hz 的校时脉冲计数。当快校时或快校分开关断开时,各计数器进行正常计时。校时脉冲采用分频器输出的 1 Hz 脉冲。

慢校时是用手动产生单脉冲作校时脉冲。

④ 按下校分开关,让分计数器实现 60 进制的秒计数功能,实现分计数的秒校时功能,1 s 进行一次计数;按下校时开关,让时计数器实现 60 进制的秒计数功能,实现时计数的秒校时功能,1 s 进行一次计数。

⑤ 校时电路要求用与非门实现,开关 S_1 或 S_2 为"0"或"1"时,可能会产生抖动,接电容 C_1、C_2 可以缓解抖动。校时功能表见表 6 - 15。

表 6 - 15　校时功能表

S_1	S_2	功　能	备　　注
0	0	校时校分	
0	1	校分	
1	0	校时	
1	1	计数	

2. 设计步骤(以校分电路为例,校时电路同理)

(1) 定义输入量和输出量

假设 A、B、C 分别表示快校分开关 S_1、分频器产生的秒脉冲、秒十位进位脉冲;Q_f 表示校分电路的输出,它接至分个位计数器。

(2) 列真值表

① 当校分开关 S_1 按下,处于低电平"0"时,校分电路实现校分功能,输出 1 Hz 的秒脉冲信号至分个位计数器,即 $Q_f = B$。

② 当校分开关 S_1 未按下,处于高电平"1"时,校分电路无校分功能,其输出仍是秒十位进位脉冲,即 $Q_f = C$。

根据以上功能列出真值表,见表 6 - 16。

表 6 - 16　校时校分电路真值表

A	B	C	Q_f
0	0	0	0
0	0	1	0
0	1	0	1

续表 6 - 16

A	B	C	Q_f
0	1	1	1
1	0	0	0
1	0	1	1
1	1	0	0
1	1	1	1

③ 写表达式：$Q_f = \overline{A}B\overline{C} + \overline{A}BC + A\overline{B}C + ABC$

④ 化简及转换：$Q_f = \overline{A}B\overline{C} + \overline{A}BC + A\overline{B}C + ABC = \overline{A}B + AC = \overline{\overline{\overline{A}B + AC}} = \overline{\overline{\overline{A}B} \cdot \overline{AC}}$

⑤ 画出逻辑图，见图 6 - 30。

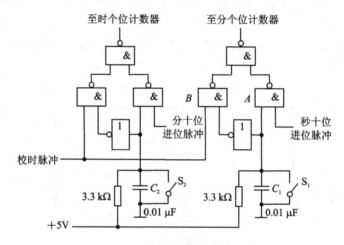

图 6 - 30　校时电路的设计

任务实施

1. 用与非门仿真实现四人表决器

① 根据题目要求，4 个输入量分别用 _____ 表示，输出量用 _____ 表示。填写表 6 - 17 四人表决真值表。

表 6 - 17　四人表决器真值表

输入量				输出量

续表 6－17

输入量			输出量

② 将输出为 1 对应的输入写成与或表达式,并用公式或卡诺图化简,再用摩根定律变为与非表达式。

③ 根据与非表达式,确定与非门的个数和芯片型号,输入端用 4 个按键产生 0 和 1,输出端用发光二极管观察结果,在 Proteus 软件中画出该逻辑电路。

④ 单击"运行"按钮,根据真值表进行仿真验证并填表。如果结果与要求不一致,须检查简化和变换逻辑表达式是否有误,电路及其连接是否有问题,请进行自我排查并调整。

2. 仿真实现校时电路

① 要求:在图 6－30 的基础上增加慢校时,慢校时是手动按一下并复位,时钟或者分钟可手动进行一次加 1,可以用按钮或者开关来进行设计,快校时和慢校时不能同时进行。

② 列出元器件清单,填入表 6－18 中。

表 6-18　元器件参考清单

序　号	名　　称	元器件型号	数　量	备　注

③ 秒脉冲信号可由下降沿脉冲信号 DC CLOCK 代替,后续项目中将由 555 定时器产生,画出电路图。

④ 单击"运行"按钮,闭合时计数器快校时开关,时计数器数码管的变化范围为_____,自动进行_____进制计数,然后再次循环,此时如果需要进行时计数器慢校时时,可以断开_____,闭合_____,每按一次,时计数器数码管就增加一个数字。

学习任务 6.3　报时电路的设计

任务引入

车站候车室、浴室、写字楼、医院等公共场合,一般设置的数字钟只具备无声报时功能,这给旅客、顾客或病员带来极大不便。本任务整点报时电路在时间出现整点前若干秒内,数字钟会自动报时,用来提醒时间,方便又快捷。

学习目标

① 掌握闹时电路的工作原理;
② 掌握整点报时电路的工作原理;
③ 能设计闹时电路图;
④ 能设计整点报时电路图;
⑤ 能绘制闹时电路和整点报时电路并进行仿真测试。

任务必备知识

6.3.1　闹时电路的设计

要求上午 7 时 59 分发出闹时信号,持续时间为 1 min。

7 时 59 分对应数字钟的时个位计数器的状态为 $(Q_3Q_2Q_1Q_0)H_1=0111$,分十位计数器的状态为 $(Q_3Q_2Q_1Q_0)M_2=0101$,分个位计数器的状态 $(Q_3Q_2Q_1Q_0)M_1=1001$。M 用于控制闹钟的开启,当 $M=1$ 时,闹钟开启;当 $M=0$ 时,闹钟关闭。

若将上述计数器输出为"1"的所有输出端经过与门电路去控制音响电路,可以使音响电路正好在 7 点 59 分响,持续 1 min 后(即 8 点)停响。

由图 6 – 31 可见上午 7 点 59 分时,音响电路的晶体管导通,则扬声器发出 1 kHz 的声音,持续 1 min 到 8 点整,晶体管因输入端为"0"而截止,电路停闹。

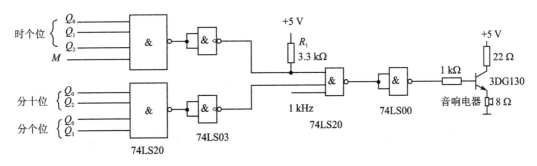

图 6 – 31　7:59 闹时电路图

6.3.2　整点报时电路的设计

每当数字钟计时快要到正点时发出声响;通常按照 4 低音 1 高音的顺序发出间断声响;以最后一声高音结束的时刻为正点时刻。整点报时功能见表 6 – 19。

表 6 − 19　整点报时功能表

CP(秒)	Q_{3S_1}	Q_{2S_1}	Q_{1S_1}	Q_{0S_1}	功　能
50	0	0	0	0	
51	0	0	0	1	鸣低音
52	0	0	1	0	停
53	0	0	1	1	鸣低音
54	0	1	0	0	停
55	0	1	0	1	鸣低音
56	0	1	1	0	停
57	0	1	1	1	鸣低音
58	1	0	0	0	停
59	1	0	0	1	鸣高音
00	0	0	0	0	停

　　设 4 声低音(约 500 Hz)分别发生在 59 分 51 秒、53 秒、55 秒及 57 秒,最后一声高音(约 1 kHz)发生在 59 分 59 秒,它们的持续时间均为 1 s,由表 6 − 19 可得

$$Q_{3S_1} = \begin{cases} \text{“0” 时,500 Hz 输入音响} \\ \text{“1” 时,1 kHz 输入音响} \end{cases}$$

　　由图 6 − 32 知:分十位 $Q_2Q_0=1$,表示 $Q_3Q_2Q_1Q_0=0101$,即 50 分;分个位 $Q_3Q_0=1$,表示 $Q_3Q_2Q_1Q_0=1010$,即 9,分计数器构成 59 分。秒十位 $Q_2Q_0=1$,表示 $Q_3Q_2Q_1Q_0=0101$,即 50 秒;秒个位 $Q_0=1$,表示 $Q_3Q_2Q_1Q_0=0001,0011,0101,0111$,即 1,3,5,7,秒计数器构成 51 秒,53 秒,55 秒,57 秒,即低音;秒个位 $Q_3=1$,表示 $Q_3Q_2Q_1Q_0=1001$,秒计数器构成 59 秒,即高音。

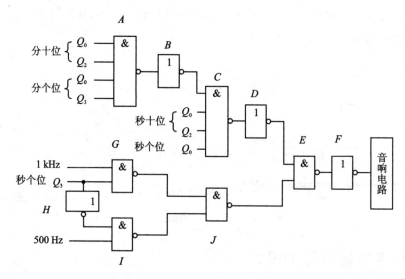

图 6 − 32　整点报时电路图

当数字钟 59 分到来,A 片与非门输出为 0,B 片与非门输出为 1,当 51,53,55,57 秒到来时,D 片与非门输出为 1,低音信号 500 Hz 得电,J 片与非门输出为 1,音响电路发出低音。

当数字钟 59 分到来,A 片与非门输出为 0,B 片与非门输出为 1,当 59 秒到来时,D 片与非门输出为 1,高音信号 1 kHz 得电,J 片与非门输出为 1,音响电路发出高音。

任务实施

1. 用 Proteus 设计 13 点 30 分发出闹时信号

① 将 13 时 30 分对应数字钟的时十位计数器、时个位计数器、分十位计数器、分个位计数器的状态填入表 6 - 20 中。

表 6 - 20 13:30 计数器对应状态

时十位计数器	时个位计数器	分十位计数器	分个位计数器
$Q_3 Q_2 Q_1 Q_0$	$Q_3 Q_2 Q_1 Q_0$	$Q_3 Q_2 Q_1 Q_0$	$Q_3 Q_2 Q_1 Q_0$

② 1 kHz 信号由信号发生器产生,幅度设为 5 V。

③ 列出元器件清单,如表 6 - 21 所列。

表 6 - 21 元器件参考清单

序 号	名 称	元器件型号	数 量	备 注
1				
2				
3				
4				
5				
6				
7				
8				
9				
10				

④ 逻辑图设计。

⑤ 单击"运行"按钮,按下"慢校时"或"快校时"开关,时钟信号手动或自动调整到 13,分钟

信号手动或自动调整到 29。

⑥ 秒计数器计到 59 秒后,数字钟下一秒应为 13:30:00,闹时信号开始发出信号,持续 1 min 后,当数字钟显示 13:31:00,闹时信号自动停止。

⑦ 示波器观察 1 kHz 信号,确定没有问题的情况下,闹时信号电路中的 1 kHz 信号发生器去除,由 555 定时器的 3 号引脚输出提供产生 1 kHz 信号,接入 555 多谐振荡电路。

⑧ 如果结果与要求不一致,须检查电路及其连接是否有问题,请进行自我排查并调整。

⑨ 分个位计数器的 0 如何通过门电路来产生?

_____

_____

2. 整点报时电路的设计和仿真

① 要求:51 秒、53 秒、55 秒及 57 秒发出低音(约 500 Hz),最后一声高音(约 1 kHz)发生在 59 秒。

② 信号发生器提供 1 kHz 的信号,选择波形为方波,幅值电压为 5 V,时钟信号提供 500 Hz 的信号,如果不监控示波器波形,这两个频率信号都可以由时钟信号 CLOCK 代替;

③ 列出元器件清单,如表 6-22 所列。

表 6-22　元器件参考清单

序　号	名　称	元器件型号	数　量	备　注
1				
2				
3				
4				
5				
6				
7				
8				

④ 逻辑图设计。

⑤ 仿真运行,按下"慢校分"或"快校分"开关,分钟信号手动或自动调整到_____;秒计数器计到_____秒,_____秒,_____秒,_____秒时,音响电路发出四个低频信号,_____秒后音响电路发出高频信号,即四低一高;

⑥ 当数字钟过了 59 秒后,音响电路_____工作,继续开始秒计数。

⑦ 用示波器观察 1 kHz 和 500 Hz 信号,确定没有问题的情况下,由 555 定时器的 3 号引脚提供产生 1 kHz 信号,接入 555 多谐振荡电路。由 74LS90 分频器第一级 CKB14 号脚提供产生 500 Hz 信号,接入 74LS90 分频器电路。

将整点报时电路波形测试结果填入表 6-23 中。

表 6-23　整点报时电路波形测试

信　号	示波器波形	秒/格	长度格数	周期 T	频率 f
1 kHz					
500 Hz					

学习任务 6.4　数字钟电路的设计与调试

任务引入

在熟悉了各个单元电路的工作原理后,将进行整个数字钟电路的设计与制作,考虑到课时,本项目将采用 Proteus 仿真。通过对各个单元电路进行逐个测试,参数计算,观察波形等方式,对整个数字钟电路进行连接与测试。

学习目标

① 掌握数字钟电路的工作原理。
② 学会设计数字钟单元电路。
③ 学会测试数字钟电路。
④ 能根据故障现象进行排除。

任务必备知识

6.4.1　数字钟设计指标及要求

一、设计指标

① 由 555 构成多谐振荡器产生 1 kHz 脉冲信号;
② 由 74LS90 构成分频器产生 1 Hz 脉冲信号;
③ 分、秒为 00～59 六十进制计数器,用数码管显示;
④ 时为 00～23 二十四进制计数器,用数码管显示;
⑤ 具有校时功能,可以分别对时及分进行单独校时,使其校正到标准时间;
⑥ 整点具有报时功能,走时过程中能按预设的定时时间(精确到小时)启动闹钟,计时快

要到正点时发出声响;通常按照 4 低音 1 高音的顺序发出间断声响;以最后一声高音结束的时刻为正点时刻。

二、设计要求

① 画出电路原理图(Proteus 仿真软件);

② 元器件及参数选择;

③ 电路仿真与调试。

数字钟实际上是一个对标准频率(1 Hz)进行计数的计数电路。由于计数的起始时间不可能与标准时间一致,故需要在电路上加一个校时电路,同时标准的 1 Hz 时间信号必须做到准确稳定。

数字钟电路的总体框架如图 6-33 所示。它由以下几部分电路组成:多谐振荡器构成的秒脉冲发生器;校时电路;六十进制秒、分计数器、二十四进制时计数器以及秒、分、时的译码显示部分等。

振荡器产生稳定的高频脉冲信号作为数字钟的时间基准,再经分频器输出标准秒脉冲信号。秒计数器计满 60 后向分计数器进位,分计数器计满 60 后向小时计数器进位,小时计数器按照"23 翻 0"规律计数。计时器的输出经译码器送达显示器,计时出现误差时可以用校时电路进行校时、校分。

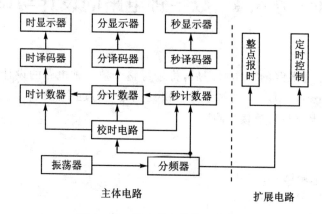

图 6-33　数字钟电路的组成框图

6.4.2　数字钟单元电路设计

一、振荡器

振荡器是数字钟的核心。振荡器的稳定度及频率的精确度决定了数字钟计时的准确程度,通常选用石英晶体构成振荡器电路。一般来说,振荡器的频率越高,计时精度越高。

石英晶体振荡器具有体积小、重量轻、可靠性高、频率稳定度高等优点,被广泛应用于家用电器和通信设备中。因其具有极高的频率稳定性,故主要用在要求频率十分稳定的振荡电路中作谐振元件。用石英晶体振荡器作为脉冲产生器,能够使数字时钟达到很高的精度,同时成本也相对较高。

这里采用的是用 555 芯片组成的多谐振荡器来作为频率脉冲产生器,其输出的脉冲频率为 1 kHz。555 芯片组成的多谐振荡器要输出符合要求的频率脉冲,其对电阻和电容的精度要求较高,不太容易输出严格符合要求的频率脉冲。设振荡频率 $f=1\text{ kHz}$,电路参数如图 6-34 所示。

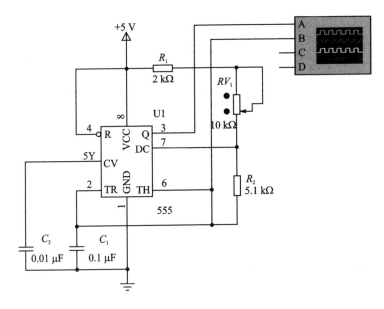

图 6-34 555 多谐振荡器

由公式 $T \approx 0.7(R_1 + 2R_2)C_2$,得

$$f = 1/T \approx 1.43/(R_1 + 2R_2)C_2$$
$$= 1.43/(2\text{ k} + X + 2 \times 5.1\text{ k})0.1\text{ μF}$$
$$= 1\text{ kHz}$$

经计算得

$$X = 2.1\text{ k}, \quad 2.1\text{ k}/10\text{ k} = 21\%$$

经仿真模拟把 R_1 调整到 10 k 的 21%时,输出频率更加接近于 1 kHz。

二、分频器

分频器的功能主要有两个:一是产生标准秒脉冲信号;二是提供功能扩展电路所需要的信号。

选用三片中规模集成电路计数器 74LS90 可以完成上述功能。因每片为 10 分频,3 片级联则可获得所需要的频率信号,即第 1 片的 Q_3 端输出频率为 100 Hz,第 2 片的 Q_3 端输出频率为 10 Hz,第 3 片的 Q_3 端输出频率为 1 Hz,电路参考图见图 6-35。

三、时、分秒计数器

分和秒计数器都是模 $M=60$ 的计数器,其计数规律为:00→01→…→58→59→00…,选 74LS90 作十位、个位计数器,再将它们级联组成模数 $M=60$ 的计数器。连接时秒的个位计数单元为十进制计数器,把它接成 8421 码十进制计数器即可。秒的十位计数单元为六进制,当 $Q_3Q_2Q_1Q_0$ 变成 0101 时,通过与门把它的清零端变成 0,计数器的输出被置零,跳过 0110 到 1111 的状态,又从 0000 开始,如此就是 60 进制。分计数器分的个位和十位计数单元的状态转换与秒的是一样的,只是它要把进位信号传输给时的个位计数单元。

时计数器是一个"24 进制"的特殊进制计数器,即当数字钟运行到 23 时 59 分 59 秒时,秒

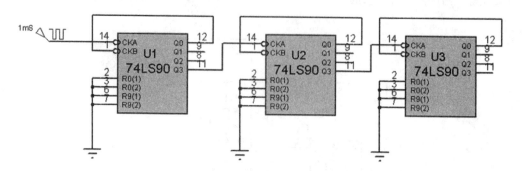

图 6-35　74LS90 十分频器

的个位计数器再输入一个秒脉冲时,数字钟应自动显示为 00 时 00 分 00 秒,实现日常生活中习惯的计时规律。当十位的 $Q_3Q_2Q_1Q_0$ 为 0010 时,通过与门使得 74LS90 的清零端为 0,"时"的十位又重新从 0000 开始,此时的个位计数单元变成四进制,即当个位计数单元的 $Q_3Q_2Q_1Q_0$ 为 0100 时,就又从 0000 开始计数,这样就实现了"时"24 进制的计数。

时、分、秒计数器电路参考图如图 6-36 所示。

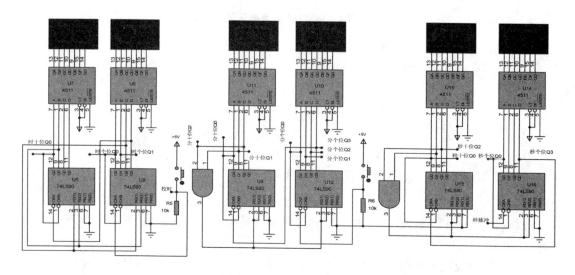

图 6-36　时、分、秒计数器

四、校时电路

校时电路如图 6-37 所示,当按下校分开关 S_1 时,即 S_1="0",无论秒十位进位脉冲是否有信号,与非门和非门输出信号均为"1",由于校时脉冲信号是由秒脉冲信号产生的,因此只要接通电源,即 1 s 有一个信号,此时 U18C 与非门输出状态与校时脉冲(即秒脉冲)状态相反,仍然 1 s 有一个信号,故至分位计数器的输入为秒脉冲,即 1 s 分计数器变化一次。

未按下校分开关 S_1 时,即 S_1="1",非门输出信号为 0。当秒十位进位脉冲未到 59 秒时,即秒十位进位脉冲信号为 0,U18D 与非门输出为 1,U18C 与非门输出为 1,故至分位计数器为 0,分个位计数器无法计数,原因是秒十位进位脉冲没有信号。当秒十位进位脉冲到 59 秒时,即秒十位进位脉冲信号为 1,分个位计数器的 U18D 与非门输出为 0,U18C 与非门输出为

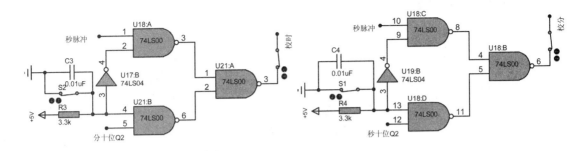

图 6 - 37　校时电路

1,故至分位计数器为 1,分个位计数器开始计数。

总结:未按下校分开关 S_1 时,分个位计数器是否开始计数由秒十位进位脉冲信号决定。

校时开关 S_2 按下和未按下的工作原理同 S_1,慢校时和慢校分的工作原理可自行分析。

由于数字钟电路图非常大,绘制时采用了网络标识,避免很多线交叉无法看清,如"时个位计数器"的几处连线,单击"Component mode"在需要连线的几处地方分别引出一根导线,然后单击"LBL"网络标识符号,左键双击导线,在需要连线的几处都输入"时个位计数器",此时表示所有标识"时个位计数器"全部已经连线。

五、闹时电路

① 时十位 $Q_0 = 1$,即 $Q_3 Q_2 Q_1 Q_0 = 0001$,时个位 $Q_1 Q_0 = 11$,即 $Q_3 Q_2 Q_1 Q_0 = 0011$,时计数器上实现了计数 13 的功能;

② 分十位 $Q_1 Q_0 = 11$,即 $Q_3 Q_2 Q_1 Q_0 = 0011$,分个位 $Q_3 Q_2 Q_1 Q_0 = 0000$,通过四片非门进行转换,为了把 0 信号有效输送进去,通过一片 74LS20 和 74LS04 芯片转换到分计数器上,从而实现了计数 30 分的功能,图 6 - 38 实现了 13:30 的闹时信号电路。

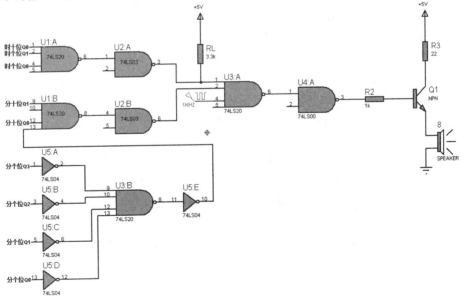

图 6 - 38　闹时电路

六、整点报时电路

根据四低音一高音,设计的整点报时电路如图 6 - 39 所示。

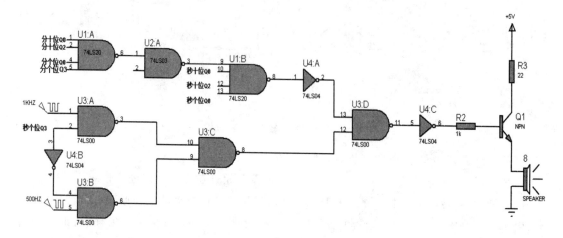

图 6 - 39 整点报时电路

6.4.3 数字钟电路连接与调试

一、数字钟电路连接

① 先将数字钟电路划分为 555 振荡器电路,分频器电路,时、分、秒计数器电路,校时校分电路,闹时电路,整点报时电路六个单元电路。

② 将每个单元电路按照上述的顺序进行单个电路仿真,每测试一个单元电路正常后再逐一增加下一个单元电路,通过示波器观察信号的波形,也可通过数码管观察时分秒计数器的进位、校时、校分等方式检查电路的功能能否实现。

③ 逐一排除单元电路故障直至功能全部实现,由输入到输出,由简单到复杂,如发现故障,可断开几个单元电路,选择与故障点相关的一到两个单元电路,人为地给受控电路加以特定信号,以排除故障点。

二、数字钟电路调试

① 555 振荡器电路测试:把之前测试的 555 振荡器单元电路复制到电路中,位置可根据图的布局进行调整,经过示波器仿真再次确认 3 号引脚的输出是 1 kHz,如果不是,则需要调整可调电位器的阻值。

② 分频器电路测试:在 555 振荡器单元电路测试正确的基础上,复制分频器电路,555 振荡器的 3 号引脚 1 kHz 端接分频器 74LS90 第一个芯片的 14 号引脚 CKA,再次用示波器确认分频器 74LS90 第三个芯片的输出 Q_3 是 1 Hz,如果不是,则需要检查线路。

③ 时、分、秒计数器电路测试:在 555 振荡器单元电路、分频器单元电路测试正确的基础上,复制时、分、秒计数器电路,逐一测试秒、分、时计数器的功能,如果秒计数器功能正确,测试秒十位计数器能否进位到分个位计数器,如果不能则检查进位端的接线,分计数器十位能否进位到时计数器个位同理。

④ 校时、校分电路测试:在 555 振荡器单元电路,分频器单元电路,时、分、秒计数器电路测试正确的基础上,复制校时校分电路,按下快校分开关,分计数器个位可自动计数,按下慢校

分开关,需手动按下按钮进行校分,校时电路同理。

⑤ 闹时电路测试:在 555 振荡器单元电路,分频器单元电路,时、分、秒计数器电路,校时校分电路测试正确的基础上,复制闹时电路,手动或自动调整时间到 13:29:59,下一秒 13:30:00,闹时信号发出并持续 1 min。

⑥ 整点报时电路测试:在 555 振荡器单元电路,分频器单元电路,时、分、秒计数器电路,校时校分电路,闹时电路测试正确的基础上,复制整点报时电路,手动或自动调整时间到 ××:59:50,51 秒、53 秒、55 秒、57 秒发出四声低音,59 秒发出高音后自动停止。

任务实施

数字钟电路的仿真与测试。

① 完整的电路连接参照图 6-40,该图采用了网络标识。在 Proteus 软件中把 555 振荡器、分频器、时分秒计数器、校分校时、整点报时和闹时等六个单元电路连接成完整的数字钟电路。单击"运行"按钮,观察数码管能否正常计时。若不能,检查各单元电路及其连线,自行查找故障原因,直到能正常计时为止。

② 用示波器一的 A 通道观察 555 振荡器的输出波形,用示波器二的 A、B、C、D 通道分别观察第一级十分频 $Q_0 \sim Q_3$ 的输出波形,再用示波器三的 A~D 通道分别观察第二和第三级十分频 Q_0、Q_3 的输出波形,分别读出其频率和幅度后填入表 6-24 中,表中波形类型请选择正弦波、三角波、锯齿波或矩形波。

表 6-24　数字钟电路的仿真测试

测试内容	555 振荡器输出端	第一级 74LS90				第二级 74LS90		第三级 74LS90	
		Q_0	Q_1	Q_2	Q_3	Q_0	Q_3	Q_0	Q_3
频率/Hz									
幅度/V									
波形类型									

③ 运行后,分别观察时分秒计数器的数码管变化范围并填入表 6-25 中。然后单击校时校分电路中的 6 个开关,检验它们是否具有快校时、快校分、慢校时、慢校分功能。如有,在对应的表格中打"√";如无,则打"×"。

表 6-25　计数器和校分校时测试

计数器	计数范围	快校时	快校分	慢校时	慢校分
时计数器					
分计数器					
秒计数器					

④ 单击校时校分电路中的 6 个开关,使分计数器显示"59",时计数器显示任意值,当秒计数器从 51 到 59 时,观察整点报时电路能否发出"4 低 1 高"的报时声。若能,则"4 低"的频率是_____Hz,"1 高"的频率_____Hz,每个报时声持续_____s。

⑤ 单击校时校分电路中的 6 个开关,使分计数器显示"29",时计数器显示"13",当秒计数器从 59 变为 00 时,观察闹时电路能否在 13:30 发出闹时报警声。若能,则闹时报警声的频率是_____Hz,持续_____s。

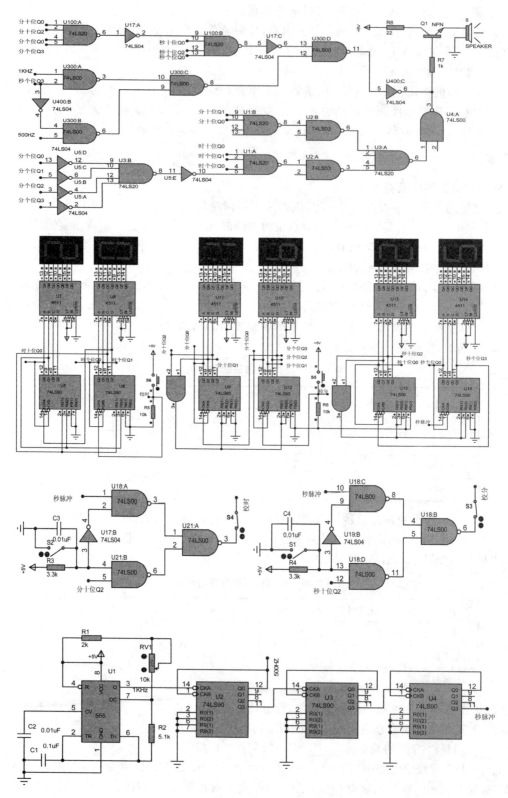

图 6 - 40　数字钟电路图

参考文献

[1] 陈新龙,胡国庆. 电工电子技术基础教程[M]. 北京:清华大学出版社,2021.

[2] 秦曾煌. 电工学(上、下)[M]. 7版. 北京:高等教育出版社,2021.

[3] 李晖,金浩,赵明. 电工电子技术基础实验教程[M]. 北京:中国铁道出版社,2021.

[4] 庞雅丽,张晓帆,李焱. 电子技术基础[M]. 北京:清华大学出版社,2021.

[5] 史仪凯,袁小庆. 电工电子技术[M]. 3版. 北京:科学出版社,2021.

[6] 周鹏. 电工电子技术基础[M]. 北京:机械工业出版社,2021.

[7] 邓海琴,张志立,张明霞,等. 电工电子技术实验及课程设计[M]. 北京:清华大学出版社,2021.

[8] 徐淑华. 电工电子技术[M]. 4版. 北京:电子工业出版社,2017.

[9] 袁洪岭,印成清,张源淳. 电工电子技术基础[M]. 武汉:华中科技大学出版社,2017.

[10] 贾宝会,张文. 汽车电工电子技术[M]. 2版. 北京:机械工业出版社,2016.